U0263654

井筒多相流动特性及在压井中的应用

孔祥伟　孙腾飞　张　杨　著

科学出版社

北京

内 容 简 介

本书系统介绍了压井中井筒多相不稳定流动方面的知识，分别阐述了溢流演变过程及识别方法、压井井筒多相压力计算方法、关井、裂缝型定容体溢流压井方法、压井方法优选、压井计算方法及压井步骤等内容，对常规压井及非常规压井的工艺及压井过程中的多相不稳定流参数变化规律做了详尽的分析。

井筒不稳定流的预测及控制技术在工业中应用广泛，尤其在石油行业更为普遍，可以用于固井、压裂返排、钻井、采油等。压井的目的是把井下油层压住，使其在钻井射孔或作业时不发生井喷，保证试油和作业安全，同时保证施工后油层不因为压井而受到污染损害。本书将井筒不稳定流应用于压井作业中，为压井井筒多相流动的研究提供理论指导。

本书可作为大、中专院校石油工程等相关专业课程的课外参考书，还可作为相关科研人员和现场工程师的参考用书。

图书在版编目(CIP)数据

井筒多相流动特性及在压井中的应用 / 孔祥伟，孙腾飞，张杨著. —北京：科学出版社，2023.9
ISBN 978-7-03-076241-2

Ⅰ.①井… Ⅱ.①孔… ②孙… ③张… Ⅲ.①井筒-多相流动-特性-研究 ②井筒-多相流动-应用-压井-研究 Ⅳ.①TE311 ②TE28

中国国家版本馆 CIP 数据核字（2023）第 160118 号

责任编辑：黄 桥 / 责任校对：彭 映
责任印制：罗 科 / 封面设计：墨创文化

科 学 出 版 社 出版
北京东黄城根北街16号
邮政编码：100717
http://www.sciencep.com

成都锦瑞印刷有限责任公司 印刷
科学出版社发行 各地新华书店经销

*

2023 年 9 月第 一 版 开本：787×1092 1/16
2023 年 9 月第一次印刷 印张：12 1/4
字数：290 000
定价：168.00 元
（如有印装质量问题，我社负责调换）

前　言

随着油气勘探开发不断发展，钻井难度越来越大，对井控技术及操作的要求也越来越严格。本书系统地讲解了井控工艺、井控设备以及井筒压力求解方法，深入研究了关井井筒多相不稳定流动压力计算方法，致力于克服常规单相形式研究多相不稳定流动的弊端。考虑到国内多数书籍较少触及压井过程中井筒多相不稳定流的问题，本书通过将井筒多相变化的波速转换为恒定的波速来求解多相波动压力问题，使这一问题迎刃而解，填补了国内对于压井过程中井筒多相不稳定流研究的空白。

同时，本书还系统地讲述了常规压井(工程师法、司钻法、边循环边加重法)、非常规压井(低节流压井法、强行下钻法、钻具离开井底压井法、强换井口法、空井压井、起下钻中发生溢流后的压井、喷漏同存的压井、平推法压井、动力法压井、置换法压井、平衡点法压井)的实施步骤以及注意事项等，便于读者对不同压井方法形成全面的认识。

本书创新性地提出了气体来源类型识别方法，可以结合书中建立的识别准则，借助地面设备自动识别井下气体来源类型(岩屑气、压差气、置换气等)，以便及时做好井控处理。该识别准则从井控关键设备入手，通过溢流的识别监测，分析了长期关井及短期关井井筒压力的变化特点，重点讲述了裂缝型不规律出气定容体的压力评估、体积评估等，并给出了溢流压井方法的推荐表，便于现场人员根据对应的情况优选合适的压井方法。

本书由靳文博、伊明、曾静、王星宇、袁继明、陈青、叶佳杰、万雄、郭照越协助完成，其中西安石油大学靳文博参与了本书第 3～7 章部分内容的编写。在全书的编写过程中，得到了中国石化集团石油工程西南有限公司、中国石油化工股份有限公司西北油田分公司、中国石油化工集团有限公司(简称中石化集团公司)、中国石油集团川庆钻探工程公司等单位的大力支持，在此一并表示感谢！

特别感谢国家自然科学基金"超深裂缝地层溢流多相流动机理及气体侵入类型识别研究"(项目编号：52274001)、国家自然科学基金"高温高压气井环空压力动态预测及安全评价研究"(项目编号：52074018)给予的资助，以及中石化集团公司科技部项目"裂缝性气藏钻井溢流自动联动控制技术"(项目编号：P22117)及中石化集团公司科技部项目"川渝地区裂缝性气藏钻井井控风险评价技术"(项目编号：P21069)的资助。

由于编者水平有限，书中难免存在不足之处，恳请读者批评指正。

作　者

2022 年 10 月 6 日

目　　录

第1章　井控技术基本概念

1.1　井控技术发展历程

井控技术是指针对油气井的压力控制技术，是发现和保护油气层，实现安全钻井的关键；井控工作是一项系统工程，涉及勘探与开发、钻井、技术监督、安全环保、物资和培训等部门，其工作内容包括井控设计、井控装备、钻开油气层前的准备工作、钻开油气层和井控作业、防火防爆防硫化氢安全措施、井喷失控的处理、井控技术培训以及井控管理制度 8 个方面[1]。实施近平衡乃至欠平衡压力钻井和采用先进的井控技术是发现和保护油气层的正确途径。使用合理密度的钻井液形成略大于地层孔隙压力的液柱压力，达到对所钻地层实施一次井控的目的，做到既不污染地层，又不发生井喷。一旦一次井控失效，出现溢流或井涌，可以迅速使用完善的井控装备及时关井，实施二次井控[2]。

井控技术发展经历了 3 个阶段：经验阶段、系统理论形成阶段和科学自动化阶段。

(1)经验阶段(20 世纪 50 年代以前)。特点：勘探领域一般限于陆地，海洋勘探刚开始，客观环境对井控技术要求不高，尚未形成系统理论，将井喷作为发现油气层的重要途径。

(2)系统理论形成阶段(20 世纪 50～70 年代)。随着近海油气勘探的发展，自 1970 年以来，钻井船的数量平均每年增加 9.8%，深井油气藏勘探开发成为油气产量和储量增加的重要方向。油气勘探领域纵深发展对井控技术提出迫切要求，井控技术理论逐步形成系统，井控培训学校大量出现。

(3)科学自动化阶段(20 世纪 70 年代以后)。通过计算机控制，获得钻井过程的一系列参数，快速准确地发现地层压力变化，可预测钻头以下的地层压力；实现井口及地面控制系统的智能化，发展平衡钻井和欠平衡钻井，防止井下复杂事故(漏、喷、卡)发生，同时钻速提高 2～3 倍。

1.2　井控技术相关基本概念

1. 井控

井控是实施油气井压力控制的简称。

2. 溢流

当井底压力小于地层压力时，井口返出的钻井液量大于泵的排量、停泵后井口钻井液自动外溢的现象称为溢流。

3. 井涌

在钻井过程中,如果钻遇高渗层,且井底压力小于地层压力,底层流体就会进入井眼。一开始为溢流,当大量地层流体进入井眼时,就可能产生井涌、井喷,酿成重大事故。

4. 井喷

当井底压力远小于地层压力时,井内流体就会大量喷出,在地面形成较大喷势的现象称为井喷。

5. 井喷失控

井喷发生后,无法用常规方法控制井口和压井而出现井口敞喷的现象称为井喷失控。

6. 井控的三个阶段

(1)一级井控:也称主井控,指以合理的钻井液密度、合理的钻井技术措施,采用近平衡压力钻井技术安全钻穿油气层的井控技术。该方法简单、安全、环保、易于操作。

(2)二级井控:指溢流或井喷后,按关井程序及时关井,利用节流循环排溢流和压井时的井口回压与井内液柱压力之和来平衡地层压力,最终用重浆压井,重建平衡的井控技术。

(3)三级井控:指井喷失控后,重新恢复对井口控制的井控技术。

7. 井控工作中的"三早"

井控工作中的"三早"即早发现、早关井和早处理。

(1)早发现:溢流被发现得越早越便于关井控制,越安全。国内现场一般将溢流量控制在 $1 \sim 2m^3$ 之前发现。这是安全、顺利关井的前提。

(2)早关井:在发现溢流或预兆不明显怀疑有溢流时,应停止一切其他作业,立即按关井程序关井。

(3)早处理:在准确录取溢流数据和填写压井施工单后,就应进行节流循环排出溢流和压井作业。

1.3　井控压力相关概念

钻井必须处理好井筒内钻井液与井壁地层之间的化学和压力平衡问题,否则会发生缩径、井塌、卡钻、井漏、井喷和压裂地层等事故。这就必须了解地层孔隙的流体压力和地层破裂压力等各种压力的概念。

所钻井的地层压力和地层破裂压力是井控设计的基础,地层压力和地层破裂压力与井筒中的钻井液液柱压力构成了一个地层-井眼压力系统。其中,各种压力的大小决定了这个系统的平衡关系。井控的最终目的是控制这个压力系统中的各种压力使之处于平衡或近平衡状态,即井筒中任一井深处的液柱压力必须大于该处的地层压力而小于地层破裂压力。

从平衡的观点出发,地层-井眼是一个压力系统,构成这个压力系统的各种压力有地层压力、静液柱压力、波动压力、循环压力、上覆岩层压力及地层破裂压力等。

1. 静液柱压力

静液柱压力是指井内各种流体的重力产生的压力,其大小与流体的密度和计算点的井深有关。如用 P_h 表示静液柱压力,则

$$P_h = 0.00981 W_f D \tag{1.3-1}$$

式中, P_h 为静液柱压力,MPa; W_f 为流体密度,g/cm^3; D 为计算点的井深,m。

2. 静液压力梯度

单位长度井深液柱压力的增量称为静液压力梯度,用 G_h 表示:

$$G_h = 0.00981 W_f \tag{1.3-2}$$

式中, G_h 为静液压力梯度,MPa/m。

静液压力梯度只与流体的密度有关,而与井深无关。地层流体静液压力梯度与溶解在地层流体中的固体(各种盐)和气体的浓度有关。

正常地层流体静液压力梯度分两类:一类是淡水和淡盐水,其 G_h=0.00981MPa/m;另一类是盐水,其 G_h=0.0105MPa/m。对钻井液、固井液、完井液等,静液压力梯度与它们的密度有关,静液压力梯度在井控中的一个重要应用是确定合理的钻井泥浆密度。

3. 上覆岩层压力

在某一沉积深度处岩层受到的上覆压力是指该深度以上岩石骨架(基质)和孔隙流体总重力所产生的压力,用 P_v 表示,则

$$P_v = 0.00981 \int W_v \mathrm{d}D \tag{1.3-3}$$

式中, P_v 为上覆岩层压力,MPa; W_v 为上覆岩石体积密度,g/cm^3; dD 为微元井深,m。

岩石的密度是岩石骨架密度、岩石孔隙度以及孔隙流体密度的函数,即

$$W_v = \phi W_f + (1-\phi) W_r \tag{1.3-4}$$

式中, ϕ 为岩石孔隙度,%; W_r 为岩石骨架密度,g/cm^3。

同样,上覆岩层压力梯度为

$$G_v = \frac{0.00981 \int W_v \mathrm{d}D}{D} \tag{1.3-5}$$

由于压实作用,岩性随井深发生变化,岩石密度也随之变化。所以上覆岩层压力梯度也随井深发生变化。通常,用两种方法可以求得上覆岩层压力梯度随井深的变化关系:一种方法是用密度测井资料,即密度测井曲线,用曲线拟合法求出密度与井深的关系式,然后代入式(1.3-5)即可求出任一井深处的上覆岩层压力梯度 G_v;另一种方法是利用邻井的测井资料或已建立的密度拟合公式,这种方法误差较大,一般不采用。目前,一般假设上

覆岩层压力梯度随井深是均匀增加的，这样上覆岩层压力梯度的理论值为 0.0227MPa/m。

上覆岩层压力、地层压力以及岩石骨架(结构)应力之间的关系为

$$P_v = P_p + \sigma \qquad\qquad (1.3\text{-}6)$$

式中，P_p 为地层压力，MPa；σ 为岩石骨架应力，MPa。

当 P_v 一定时，σ 减小，P_p 增大，$\sigma \to 0$，$P_p \to P_v$。所以，地层的孔隙压力增大，基岩应力必然减小。岩石骨架应力减小，将导致地层压力增大，当 $\sigma = 0$ 时，地层压力将等于上覆岩层压力。

4. 地层压力

地层压力又叫地层孔隙压力，它是指地层孔隙流体所具有的压力，其大小与地层岩石的生成环境有关。如果地层在生成过程中或生成之后，地层孔隙流体的渗流通道始终保持与地面水源连通，则地层压力只与孔隙流体密度和埋藏深度有关，并处于静水压力平衡状态。如果地层流体密度为淡水或淡盐水密度，则为正常地层压力梯度，其值为 0.0981～0.0105MPa/m。

5. 异常低压地层压力

在钻井过程中，常常会碰到地层压力梯度远小于正常地层压力梯度的情况，叫异常低压地层压力。

异常低压是地层压力梯度低于正常地层压力梯度的情况，产生异常低压的原因如下。

(1)生产多年的油气枯竭地层。

(2)大量开采而又未充分注水补偿压力的油气层。

(3)地面压头低于井口的地层等。

6. 异常高压地层压力

在钻井过程中，常常会碰到地层压力梯度远大于正常地层压力梯度的情况。这是在特殊地质环境中形成的超静水压力的地层压力，叫异常高压地层压力[3]。

异常高压地层在国内外各大油田普遍存在，从新生代更新统到古生代寒武系、震旦系都不同程度存在。正常地层压力的地质环境，可以看成一个"连通"的水力学系统，允许建立或重新建立静力平衡条件；而异常高压地层压力系统实际上是一个"封闭"的水力学系统，阻止或极大地限制着地层流体的连通，造成上覆压力部分或全部由地层孔隙流体来承担。在一般情况下，油气层都是异常高压带，这是由它们的生成环境所决定的。异常高压的形成机理至今还不十分清楚，目前大致可分为如下几类。

(1)沉积压实效应。随着岩石埋藏深度和温度增加，作用到地层孔隙流体上的压力也随之增加，孔隙空间的体积缩小，孔隙流体处于高温高压作用下，如果地层孔隙渗流通道不能使孔隙流体顺利溢出，则会形成异常高压；如果孔隙渗流通道被堵塞，则上覆压力将部分或全部作用到孔隙流体上，形成更大的异常高压。

(2)成岩作用。成岩作用是指岩石的矿物颗粒在地质演变过程中所发生的物理化学作用。页岩和碳酸盐岩在高温高压下会发生晶体结构上的变化，如黏土中的蒙脱石可以变成

伊利石、绿泥石和高岭土；蒙脱石在高温高压下先是失去孔隙中的自由水，而层间结构中的束缚水，只有当温度达到 200～300℉时才能被释放出来。一般层间束缚水的密度比孔隙中自由水的密度大得多，当它们变成自由水时体积要增大，如果上覆岩层渗透性很低，则释放层间水有助于形成异常高压。同样，在碳酸岩盐中，饱和结晶析出自由水时，如果地层渗流通道不能让孔隙水以自然压实的速度溢出时，也会形成异常高压地层。

(3)密度差效应。在倾斜构造上，如果地层孔隙流体密度比该地区正常地层孔隙流体密度小，则在这个构造的上倾部分会产生异常高压。一般在钻进具有大倾角、陡构造天然气层时会碰到这种情况。这是由于地层上倾部分和下倾部分的孔隙流体密度不同造成的，故叫密度差效应。

(4)流体运移作用。孔隙流体由油气层向上流动到浅层地层时，会使浅层地层变成异常高压地层，流体的这种运移途可以是天然的，也可以是人为的。即使流体运移停止了，也要相当长的时间才能使压力上升的浅层段泄压恢复到正常压力值。这种情况一旦出现，就会发生意想不到的浅层井喷。特别是在一些老油田的上部地层中常常出现这种情况。

7. 地层破裂压力

地层破裂压力是指地层岩石抵抗破坏能力的大小度量，实质上反映的是地层岩石的强度。在钻井过程中能使地层破裂的外力是钻井液液柱压力、波动压力以及井口施加的回压。当这些压力大于地层岩石的屈服强度或使原有的地层裂缝张开延伸形成新的裂缝时，这个压力就是该地层的破裂压力。

在钻井过程中由钻井液液柱压力、波动压力以及井口施加的回压所产生的井内压力必须小于地层破裂压力，而稍大于地层孔隙压力。

8. 地层破裂压力梯度

单位长度井深地层破裂压力的增量叫地层破裂压力梯度，地层破裂压力梯度随井深的增大而增大。井下各种压力构成了一个地层-井眼压力系统，这个系统的各种压力必须服从一定的平衡关系，否则将失去平衡继而发生溢流或井漏以及井塌。为此，必须准确地预测地层压力和地层破裂压力。

9. 坍塌压力

井壁坍塌的原因主要是井内液柱压力太低，使得井壁周围岩石所受应力超过岩石本身的强度而产生剪切破坏。对于脆性地层会产生坍塌掉块，造成井径扩大；对于塑性地层，井眼内则产生塑性变形，造成缩径。山前构造受多期构造运动作用，形成了复杂的地质环境，具有岩性复杂、倾角大、地层破碎、岩石强度低和孔隙压力高等特点，因此井眼坍塌问题特别严重。

10. 骨架应力

骨架应力是由岩石颗粒之间相互接触来支撑的那部分上覆岩层压力(亦称有效上覆岩层压力或颗粒压力)，这部分压力是不被孔隙水所承担的。上覆岩层的重力是由岩石基质

(骨架)和岩石孔隙中的流体共同承担的。当骨架应力降低时，孔隙压力就增大；孔隙压力等于上覆岩层压力时，骨架应力等于零。

11. 泵压

泵压是克服井内循环系统中摩擦损失所需的压力。正常情况下，摩擦损失发生在地面管汇、钻柱、钻头水眼和环形空间。环形空间与钻具之间压力不平衡也影响泵压。泵出气侵钻井液时，一定的气侵控制压力将使泵压增高，气侵控制压力包括节流阀和节流管汇的压力损失。

12. 液压

液压用于驱动大多数防喷设备，包括防喷器。压力液一般用轻质油和处理过的水。一般认为它们具有不可压缩的特性，作用在压力液上的驱动力传送到防喷器的活塞上，就可以开启或关闭防喷器。驱动力来自液压泵的液体或储能器中的氮气。

13. 波动压力

由于井内钻具或流体上下运动而引起的井底压力增加或减少的压力值，统称为波动压力。

14. 抽汲压力

抽汲压力是指上提管柱时，由于钻井液的运动引起的井内压力瞬时降低值。抽汲压力发生在井内提钻时，由于钻柱上提会引起钻井液向下流动，以填充钻柱下端因上升而空出的井眼空间，这部分钻井液流动时受到流动阻力的影响，使得井内钻井液不能及时充满这部分井眼空间，这样会在钻头下方形成一个抽汲空间，其结果是降低了有效的井底压力。

15. 激动压力

激动压力是指下放管柱或者钻井泵启动速率过快引起的井内压力瞬时增加值。激动压力产生于下钻和下套管时，由于钻柱下行挤压其下方的钻井液，使其向上流动，钻井液向上流动时要克服流动阻力的影响，结果导致井壁与井底也承受了该流动阻力，使得井底压力增加。

16. 岩石的强度条件(强度准则)

根据库仑-莫尔破坏准则，岩石破坏时剪切面上的剪应力必须克服岩石的固有剪切强度值(称为黏聚力)，以及作用于剪切面上的内摩擦阻力。

17. 垂向应力

垂向应力通常等于上覆岩层压力 P_v，是指地层某处位置点以上地层岩石基质和孔隙流体总重力产生的压力。

18. 水平地应力

水平地应力是指地层岩石在水平方向所承受的应力，一部分是由上覆岩层压力引起，另一部分是由地质构造运动引起，分为最大水平主应力及最小水平主应力。

19. 有效密度

钻井流体在流动或被激励过程中有效地作用在井内的总压力为有效液柱压力 P_e，其等效(或当量)密度被定义为有效密度，即

$$\rho_e = \frac{P}{0.00981H} \qquad (1.3\text{-}7)$$

式中，P 为作用于井底的所有压力［包括立管压力(简称立压)、静液柱压力和波动压力］，换算为有效当量，MPa。

1.4　井控失控的危害及处理方法

1.4.1　井控失控的危害

井控失控的危害可概括为以下 8 个方面[4]。

(1)打乱全局的正常工作程序，影响全局生产。

(2)使钻井事故复杂化、恶性化。

(3)极易引起火灾，如井场、苇地及森林火灾等。

(4)影响井场周围居民的正常生活，甚至威胁其生命安全。

(5)污染环境，影响农田水利、渔牧业生产以及交通和通信系统的正常运行等。

(6)破坏油气层，毁坏地下油气资源。

(7)造成人力及物力上的巨大损失，严重时造成机毁人亡和油气井报废。

(8)损害企业形象，造成不良的社会影响。

1.4.2　井喷失控处理方法

一旦井喷失控，其处理方法主要是围绕怎样使井口装置、井控管汇重新恢复对油气流的控制而进行。井喷失控井虽各有特点和复杂性，但基本处理方法却是相同的，一般先将三级井控转化为二级井控，即重装井口，恢复对井口的控制；再将二级井控转化为一级井控，即只利用合理的压井钻井液密度就能平衡地层压力，恢复正常钻井作业[5]。

1.4.3　井控作业中易出现的错误做法

(1)发现溢流后不立即关井，仍采取循环观察。

(2)起下管柱溢流时仍继续作业。

(3)关井后长时间不进行压井作业。

(4)压井泥浆密度过大或过小。

(5)排除天然气溢流时保持循环罐液面不变。

(6)企图敞开井口,使压井液的泵入速度大于溢流速度。

(7)关井后闸板刺漏仍不采取措施。

随着油气勘探开发领域的不断延伸与扩大,对井控技术和钻井人员素质的要求也越来越高。井控工作关系到能否发现和保护油气层、能否安全高效开发油气层。

只有采用平衡压力钻井技术,在钻井过程中对井内油气加以有效的控制,才能得到较好的勘探开发效果。而要实施平衡压力钻井,没有井控技术是不可能实现的[6]。

1.5 常用压井技术

1. 威德福公司的压井技术

威德福公司开发了一种基于质量流量控制器(mass flow controller,MFC)的压井水力学模拟及分析系统,该系统充分利用了钻井液在密闭空间循环的条件,通过调节节流阀回压,实时控制井底压力,但回压的加载采用触探式,控制周期较长。

2. 贝克休斯公司的压井技术

贝克休斯公司开发的压井水力学模拟及分析系统,包括自动压井设备、可编程逻辑控制器(programmable logic controller,PLC)、单片机、液压系统,其原理是通过立压控制井底压力,应用了多口溢流压井作业,但缺乏针对窄密度窗口的配套专业压井系统软件,该软件系统不但可以开展压井参数设计,还可以在钻井前期进行应急计划设计,其计算结果的准确度较之前相比有了很大提高,但没有开展薄弱地层压力匹配分析。

3. 埃克森美孚石油公司的压井技术

埃克森美孚石油公司开发的精细控压钻井溢流异常响应及控制系统,能够实时计算井底压力,可随时控制节流放喷,但缺少将溢流气体循环出井的当量静态密度(equivalent static density,ESD)/当量循环密度(equivalent circulating density,ECD)计算,且自动化压井井筒压力精度控制不够准确。

4. 哈利伯顿公司的压井技术

哈利伯顿公司的 GeoBalance 自动控压钻井系统采用了一系列压力控制的新手段、新理念,将钻井液与工艺、测量与控制通过专业软件系统紧密结合,克服了传统控压钻井在接单根、起下钻、下套管、固井时的多种限制,为钻井完井作业期间井筒压力的控制提供了更加灵活的解决方案。

GeoBalance 自动控压钻井系统的主要特点如下:自动抽汲、激动压力补偿;实时密度和流变性检测；可集成 iCem 固井技术，实现自动控压固井。

1）BaraLogix DRU 自动钻井液密度和流变性检测装置

BaraLogix DRU 是完全自动化的设备，能够实时监测和提供钻井液的密度、流变性数据。采用撬装设计，可安装在钻井现场泥浆罐附近。BaraLogix DRU 配备有泥浆供应和回收管线，并能够连接局域网。该设备可实现每分钟检测一次钻井液密度，每 15min 检测一次钻井液流变性，并将实时检测数据通过网络共享给控压钻井控制软件，实现钻井水力学模型的实时更新。

2）GB Setpoint 钻井完井实时水力学模拟及控制软件

GB Setpoint 模拟及控制系统是 GeoBalance 自动控压钻井系统的核心，能够从多种数据源实时采集数据，建立准确的井筒压力模型，模拟和计算井筒任意深度处的压力和 ECD 变化，其模型计算考虑的因素包括流体密度、钻井液流变性、钻井液压缩性、温度、流量、管柱转动、井口压力、岩屑累积、任意速度起下钻管柱时的抽汲和激动压力等。

3）DetectiveEV 钻井异常实时诊断系统

DetectiveEV 系统是专门用于实时诊断钻井异常的系统，不同于常规控压钻井技术仅依赖流量计测量、监测流量变化来判断井涌、井漏的单一方式，DetectiveEV 系统采用多参数综合监测的方式进行更为准确的全过程复杂诊断，其监测数据包括但不限于流量、节流阀开度、立压、随钻压力（pressure while drilling，PWD）等。该系统可在钻进、起下钻、接单根、不稳定流动、节流阀开度突变等情况下对井涌、井漏的发生进行准确判断。

4）ActEV 钻井异常响应及控制系统

ActEV 系统是专门用于对已发现的钻井异常进行自动响应的控制系统。当系统监测到井涌等异常工况发生时，不同于常规控压钻井技术采用预设回压值的响应方式，ActEV 系统能够利用水力学模型计算，智能判断合理的控制方式，如自动控制施加合理的井口回压，并可以通过回压控制，保持立压恒定，将井涌流体循环出井筒，将井涌的影响降到最低。

在溢流压井作业方面，国外一直走在前面，早在 20 世纪 70 年代就对溢流压井的各个方面做了较深入的研究，并用于油田实践。

国外石油公司已开发了压井分析控制软件，在现场应用中取得了一定效果。威德福公司结合控压设备，开发了 MFC 压井系统，哈利伯顿开发了全自动闭环压井系统，贝克休斯公司考虑循环排气，开发了压井分析控制软件，应用于多口溢流压井作业。国外压井系统的算法考虑了多相流的影响，多采用布里尔（Brill）算法，较立管压力法的计算精度更高。

第 2 章 溢流演变过程及识别方法

2.1 溢流发生后应采取的措施

在不同情况下发生溢流后所采取的措施不同，具体如下。

1. 钻进时溢流应采取的措施

(1) 停止转盘和泵。

(2) 将方钻杆提出转盘面以上。

(3) 查明所有的阻流管线是否打开，如果未打开，应全部打开。

(4) 尽快关闭防喷器。

(5) 如果地面条件允许，则关闭阻流管线，使井口完全关闭。

(6) 记录关井立压和套管压力(简称套压)。

(7) 记录泥浆池液面的升高。

(8) 准备压井。

2. 起下钻时溢流应采取的措施

(1) 立即停止起下钻作业，用卡瓦将钻柱坐在转盘上。

(2) 在钻柱上接全开阀，并关闭此阀。

(3) 接回压泵阀。

(4) 打开全开阀，检查阻流管线是否全部开启。

(5) 接方钻杆。

(6) 关防喷器。

(7) 如果地面条件允许，则关闭阻流管线，使井完全关闭。

(8) 记录关井立压和套压以及泥浆池液面上升情况。

(9) 根据起下钻柱的情况，决定压井方法和措施。

3. 已起完钻具溢流时应采取的措施

(1) 如果情况危险，则关闭全封闸板防喷器。

(2) 如果情况允许，则将几柱钻柱强行下入井内。

(3) 接全开阀并关闭此阀。

(4) 接回压阀。

(5)打开全开阀。

(6)继续强行下更多的钻柱入井。

(7)检查所有的阻流管线是否开启。

(8)关闭防喷器。

(9)如果地面压力条件允许，则关闭阻流管线，使井完全关闭。

(10)记录立压和套压。

(11)记录泥浆池液面升高情况。

(12)准备压井。

通过采取上述措施，达到控制井口，并确定地层压力的目的，如果不能关井控制井口，就不可能确定地层压力，进而也无法确定压井泥浆密度。注意，关井后井口压力会不断升高，应达到如下要求：关井压力不超过井口装置的最大压力；环空压力不超过套管的最小强度；环空压力不超过地层破裂压力，否则将会造成难以控制的复杂情况，如井喷失控、又喷又漏等。

2.2　井涌余量

井涌余量是指平衡地层压力允许的最大当量泥浆密度与原钻井泥浆密度之差。利用井涌余量这个概念可以判断是否能关井以及关井的程度。其计算步骤如下。

1. 确定最大允许的套压

关井过程中最大允许的套压取决于套管鞋处的地层破裂压力梯度和套管鞋处的井深：

$$P_{cmax} = G_f H_{set} \tag{2.2-1}$$

式中，P_{cmax} 为最大允许的套压，MPa；G_f 为套管鞋处的地层破裂压力梯度，MPa/m；H_{set} 为套管鞋处的井深，m。

2. 计算套管鞋处最大允许的静液柱压力

套管鞋处最大允许的静液柱压力为

$$P_{hmax} = 0.00981 M_w H_{set} \tag{2.2-2}$$

式中，P_{hmax} 为套管鞋处最大允许的静液柱压力，MPa；M_w 为原钻井液密度，g/cm³。

3. 计算最大允许的地面套压

最大允许的地面套压取决于套管鞋处最大允许的静液柱压力，即

$$P_{smax} = P_{cmax} - P_{hmax} \tag{2.2-3}$$

式中，P_{smax} 为最大允许的地面套压，MPa。

4. 计算最大允许的井底压力

计算静液柱压力:

$$P_m = 0.00981 M_w H_m \tag{2.2-4}$$

式中, P_m 为静液柱压力, MPa; H_m 为环空泥浆柱高度, m, $H_m = H - L_k$; L_k 为环空中溢流的长度, m, $L_k = V_k / A_a$, V_k 为泥浆池泥浆增量, m^3, A_a 为环空横断面积, m^2; H 为井深, m。

计算最大允许的井底压力:

$$P_{bmax} = P_m + P_{smax} = 0.00981 M_w \left(H - L_k - H_{set} \right) + G_f H_{set} \tag{2.2-5}$$

5. 计算平衡井底压力的最大当量泥浆密度

设平衡井底压力允许的最大当量泥浆密度为 M_v, 则有

$$0.00981 M_v H = 0.00981 M_w \left(H - L_k - H_{set} \right) + G_f H_{set} \tag{2.2-6}$$

所以

$$M_v = M_w \left(H - L_k - H_{set} \right) + \frac{10^2 G_f H_{set}}{H} \tag{2.2-7}$$

6. 计算井涌余量

$$\Delta k = M_v - M_w \tag{2.2-8}$$

式中, Δk 为井涌余量, g/cm^3。

当 $\Delta k > 0$ 时, 可关井; 当 $\Delta k \leqslant 0$ 时, 不能关井。根据套管鞋处地层是否压裂来判断是否能关井。

2.3 排除溢流的原理和方法

前面介绍了溢流产生的原因和发生后应采取的措施, 下面介绍排除溢流的原理和方法[7]。到目前, 国内外已研究和总结出很多排除溢流的原理和方法, 但无论是哪一种方法都必须遵循以下原则。

(1)排除溢流期间, 必须严禁天然气进入井筒, 这就要求控制井底压力等于或稍大于地层压力而小于地层破裂压力。

(2)排除溢流期间, 井内液柱压力必须小于或等于地层破裂压力以及套管鞋处的破裂压力。这就要求排除溢流期间, 控制阻流器的开度保持井底压力小于地层破裂压力。

上述两个原则可表示为

$$P_f > P_{bm} \geqslant P_p \tag{2.3-1}$$

$$P_{mx} \leqslant P_f \tag{2.3-2}$$

式中, P_{bm} 为井底压力, MPa; P_{mx} 为井深 x 处的液柱压力, MPa; P_p 为地层压力, MPa; P_f 为地层破裂压力, MPa。

2.4　溢　流　识　别

2.4.1　气体来源类型判断思路

根据地层出气规律、出气类型，将气体侵入类别划分为置换气、压差气及岩屑气 3 种类型，如图 2.4-1 所示。

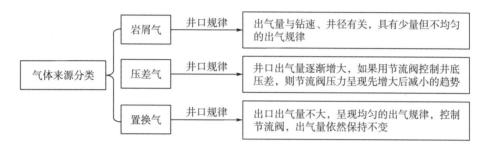

图 2.4-1　气体来源类型判断思路图

（1）置换气。出口出气量不大，呈现均匀的出气规律，控制节流阀，出气量依然保持不变。

（2）压差气。井口出气量逐渐增大，如果用节流阀控制井底压差，则节流阀压力呈现先增大后减小的趋势。

（3）岩屑气。岩屑气出气量与钻速、井径有关，具有少量但不均匀的出气规律。

2.4.2　气体侵入井底钻井条件建立

钻遇高陡裂缝时，气体在裂缝内的流动阻力较小，在地层压力和井底压力很接近时，即近平衡时，由于密度差异导致垂向上压力的差异，在压差的作用下导致气液置换的发生，即裂缝下端钻井液向裂缝内漏失的同时，裂缝上端气体侵入井筒。初始条件下裂缝内充满地层气体，在重力作用下，压力具有明显的分层，井筒下部压力大于地层孔隙压力，井筒上部压力小于地层孔隙压力，故在压差的作用下出现溢漏同存的现象。重力置换指地层中气体与环空中钻井液在相间密度差的作用下，地层气体进入环空，环空中的钻井液进入地层发生互相置换的过程。气侵指当钻头钻遇含气地层时，由于存在井底压差，使地层气体侵入环空的过程。从这两个定义可得到，钻井中气侵可控，而重力置换的可控性较差。重力置换可看作恒定的小气侵量，采取的控压策略是利用回压弥补环空中重力置换产生的气体滑脱压差；而气侵的控制要大幅调节回压控制井底压差，同时微调回压控制气体的滑脱压差。重力置换的气体量不随回压的变化发生明显改变，而气侵量随回压波动发生明显变化。

裂缝型地层发生气液置换的三要素:裂缝作为流动通道、足够的空间用于储存漏失的钻井液以及压力差处于置换窗口。针对裂缝内气液双向流动特征,结合目前已有的推理过程,考虑气液两相流动过程中的受力情况和地层压力关系对气液置换发生的条件进行分析。气液两相在裂缝内流动时,气体所受的力为裂缝内流动阻力,液体所受的力有裂缝内流动阻力、井筒内流动阻力、重力、界面张力。其中气液分界面处液体所受的界面张力方向为界面法线方向并指向液体内部,高流速的气体对气液分界面有较强的作用力。

裂缝高度和钻井液与地层气体密度差直接对气液置换的窗口大小产生影响,当缝高和密度差越大,置换窗口越大。而气液两相的流动阻力则与裂缝的形态以及气液两相的性能有关。气液置换窗口比较小,由于起下钻等操作,即便是精细控压钻井过程中,井筒压力也会有一定的波动,井底压力与地层压力之间的差值有很大的可能位于置换窗口之间,进而发生气液置换。

2.5　溢流风险显示

由前文可知,在起下钻过程中由于抽汲使井底压力降低,地层流体不断进入井筒,在井底聚集大量的天然气,加上不循环泥浆,就使得井底压力越来越低,当井底压力低于地层压力时,则会发生溢流或井喷,为此,一旦有地层流体侵入井筒就应及时发现它,以便将溢流或井喷消灭在萌芽之中。

2.5.1　溢流的特征显示

在钻井和起下钻作业中地层流体进入井内会引起一系列变化,根据这些变化就能及时发现溢流。

1. 泥浆池液面升高

在正常钻井过程中,泵入井筒的泥浆量和从井筒中流出的泥浆量近似相等,或返出的泥浆量略少于泵入的泥浆量,因此,除向泥浆池补充泥浆外,泥浆池液面应当保持不变,或略有降低。如果正常钻井时发现泥浆池液面突然升高,则表明地层流体已经进入井内,是发生溢流或井喷的主要特征显示。对于那些预期地层压力很高的探井和重要的生产井,在井场上应装备泥浆池液面指示计和记录仪,以便及时显示泥浆池液面的变化情况。记录装置卡片应装在司钻台上司钻能看到的地方。这种装置应能对各个泥浆池进行观测,溢流发生时,平衡地层溢流所需的地面压力很大程度上取决于司钻能否及时关井,如果能尽早发现并及时关井,则进入井筒的地层流越少,井筒保留的泥浆就越多,关井井口压力就越低;相反,井口压力就越高。所以,一旦发现泥浆池液面升高,就应当及时关井进行观测。

2. 停止循环后泥浆从井筒中自动流出

由于某种原因停止循环泥浆,而泥浆从井筒内自动外溢,而且外溢量不断加大,是发生溢流或井喷的主要信号。因为此时地层流体进入井筒占据了部分井眼空间，把泥浆从井内顶替出来，进入井眼的地层流体越多，替出的泥浆也越多，所以要特别注意井口泥浆流量的变化。国外有一种叫作 FLO-SHO 的仪器能记录和指示出口泥浆流速的变化，根据出口泥浆流速的变化，可以及早发现溢流。

3. 起钻时应灌入的泥浆量减少或根本灌不进泥浆

正常情况下，取出钻柱的体积与应灌入的泥浆体积是相等的，如果发现应灌入的泥浆量减少，或灌不进泥浆，则表明地层流体已进入井内，这也是发生溢流的主要特征显示。

4. 钻速突然加快

在钻井条件一定的情况下，随着井深的增加和钻头的磨损，机械钻速应逐渐降低。如果发现机械钻速突然加快，则表明钻遇到了高压地层，这是因为泥浆柱的压力是一定的，只有地层压力升高，压差减小，才有可能使机械钻速加快。与此同时，还要注意井口泥浆流速的变化以及泥浆池液面的升高情况，仅机械钻速突然增加，并不能肯定是溢流的发生，因为机械钻速的增加与很多因素有关，井底压差只是原因之一，如果同时发现泥浆池液面升高，则预示着溢流的出现。

5. 循环泵压下降

循环泥浆所需要的泵压与泥浆的密度、黏度、切力等有关，在井身结构、钻具结构、泥浆性能一定的情况下，随着井深不断增加，循环压力只会逐渐增加，而不会降低。泵压的降低一方面是由于钻柱内流动摩阻减小，另一方面是由于环空液柱压力降低。这两个方面的原因都与泥浆密度有关。天然气进入井内使环空泥浆密度降低，从而使管内和环空液柱压力产生 U 形管效应，这就是流体侵入引起泵压下降的原因。但仅根据泵压下降来判断溢流是不可靠的，因为还有其他原因可以引起泵压下降，如钻具刺漏、泵上水效率降低等。如果发现泵压下降的同时出现了泥浆池液面升高等现象，则表明出现了溢流。

6. 油气水显示

在钻井过程中，如果发现泥浆槽的泥浆出现了油气水显示，则表明地层流体已侵入井内。但发现油气水显示并不能完全证明溢流的发生。油气水的侵入有多种方式，如扩散侵入、起钻抽汲侵入和地层压力大于液柱压力侵入。如果是前两种方式，则并不一定会发生溢流；如果是后一种方式，则预示溢流即将发生。

2.5.2　不同作业时溢流的显示情况

上面分析了现场发生溢流的一些特征显示，其中前三个是主要显示。实际上现场要综合分析各种显示，才能准确预告溢流的发生，而且在不同的钻井作业中溢流的显示不同，下面介绍不同作业时溢流的显示情况。

1. 钻井时地层流体侵入的发现

泥浆池液面升高是钻井时地层流体侵入的可靠信号。但对不同的地层，侵入的情况是不同的。

(1)钻进到泥浆柱压力不能平衡地层压力的高渗油气层时，地层流体的侵入是很迅速的，也是最危险的。这时往往泥浆池液面迅速升高，并伴随有机械钻速突然加快现象，但地面上能观察到的泥浆气侵并不严重，所以要特别注意。

(2)钻进未被泥浆柱压力平衡的高渗透地层时，欠压不多，地层流体的侵入比较缓慢，难以发现。因为侵入速度缓慢，泥浆池液面上升也很缓慢。直到天然气接近地表时才开始膨胀而溢出，此时井底压力进一步减小，地层流体大量进入，若不及时关井，则会引起井喷，钻进这种地层时也伴随着钻速加快现象。

(3)钻进未被泥浆柱压力平衡的低渗透地层时，由于地层渗透性差，地层流体侵入很缓慢，往往只表现为泥浆池液面缓慢上升，如果欠压不多，则只表现出泥浆气侵的特征。

(4)钻进中如果液柱压力稍超过地层压力，则一般只有起钻抽汲时地层流体才会进入井内，这种侵入只要控制起钻速度就可避免。

2. 起下钻时地层流体侵入的发现

这种情况前面已经叙述过，起钻抽汲地层流体进入常常表现为应灌入的泥浆量减少或灌不进泥浆，这是起钻过程发现溢流的可靠方法，但要精确计算起出钻柱的体积和灌入泥浆的体积。

3. 起钻完后地层流体侵入的发现

一般起钻完后，都是忙于换钻头、维护保养设备或其他作业，不太注意观察泥浆池液面的变化，一旦发现泥浆池液面升高，此时已有泥浆自动从井口流出，这时若不强行下钻并关闭井口，则会引起井喷。有时泥浆池液面降低也是危险的，因为这预示着井漏，由于井漏使井内液柱压力降低，就有可能使地层流体进入井内，出现先漏后喷的情况。这在现场是屡见不鲜的。

我国现场把钻遇碳酸岩裂缝地层发生溢流的几个主要显示概括为"密降黏升气泡多，蹩跳放空泵压落，液面升高间歇涌，味浓起满下长流"。这就是说钻遇裂缝气层时，由于泥浆遭到气侵而密度降低，黏度升高，气泡增多；由于裂缝和溶洞的出现，钻头会发生蹩跳，钻速加快，碰到大溶洞钻柱会有放空现象；进入环空的天然气降低了泥浆密度，降低了环空液柱压力，又由于气体膨胀上升使井筒泥浆减少，进一步降低了环空液柱压力，使进入井筒的气体不断加快和增多，当液柱压力低于地层压力时，引起井喷。

此外，还必须指出，天然气的组成成分不同，会使溢流具有不同的特点。通常天然气的主要成分是甲烷，但现代深井钻井常常遇到硫化氢和二氧化碳，这两种气体都是完全溶解于泥浆的，特别是油基泥浆，甲烷溢流通常有足够的报警时间，而硫化氢和二氧化碳则要在低于一定压力时，通常是在井筒上部才发生膨胀，引起溢流的时间很短，几乎没有时间报警，在预报溢流时应注意这个特点。

2.6　溢流压井法推荐

溢流压井法推荐选择表见附录 1。

第3章 压井井筒多相压力计算方法

3.1 瞬态井筒压力计算方法

在钻井中，油、气、水及岩屑易侵入井筒，由于相界面相互作用、气相漂移、气液密度及黏度物性差异等因素的影响，使得多相流波动压力的研究极为复杂。波动压力的求解，除准确定义边界条件外，多相流动的空隙率、稳态压力变化及压力波速等参数也是关键[8]。

3.1.1 井筒多相流基本方程

钻井液中含有黏土、岩屑等固相物质，存在游离状气体，由于钻井液中固相颗粒较细，且在液相中均匀分布，可视为伪均质流。溢流油-气-水与钻井液一起构成井筒多相流。图 3.1-1 为环空油-气-水-钻井液流动中的流体组成图，如果井底溢流流体为气或气-水或气-油或气-水-油三相，其余组分按 0 处理即可。

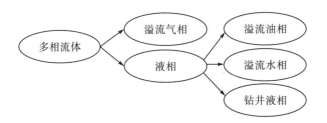

图 3.1-1 环空油-气-水-钻井液流动中的流体组成图

1. 质量方程及连续方程

在环空流道中任取一微元控制体，其长度为 Δs，如图 3.1-2 所示。为建立环空瞬态气液两相模型，做如下假设。

(1)气液两相无质量交换。

(2)气液两相沿井筒一维流动。

(3)考虑气相的溶解度、压缩性及滑脱性。

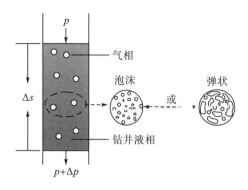

图 3.1-2　有效环空微元控制体

在 t 时刻多相流流场中任取一流体团作为系统的研究对象，取控制体与 t 时刻的系统边界相重合，经过 dt 时间后，流体系统流动到一个新的位置，则在微小时段 dt 内系统中属性为 N 的物理量的增量可表示为

$$N(t+dt)-N(t)=\sum_{k=1}^{n}\left[\left(\iiint_{V_2}\xi\rho_k\phi_k\,dv+\iiint_{V_3}\xi\rho_k\phi_k\,dv\right)_{t+dt}-\left(\iiint_{V_2}\xi\rho_k\phi_k\,dv\right)_t\right]$$

$$=\sum_{k=1}^{n}\left[\left(\iiint_{V_1}\xi\rho_k\phi_k\,dv+\iiint_{V_2}\xi\rho_k\phi_k\,dv\right)_{t+dt}-\left(\iiint_{V_2}\xi\rho_k\phi_k\,dv\right)_t+\left(\iiint_{V_3}\xi\rho_k\phi_k\,dv\right)_{t+dt}-\left(\iiint_{V_1}\xi\rho_k\phi_k\,dv\right)_{t+dt}\right]$$

$$(3.1\text{-}1)$$

整理得

$$\frac{dN}{dt}=\sum_{k=1}^{n}\left[\frac{\partial}{\partial t}\left(\iiint_{cv}\xi\rho_k\phi_k\,dv+\iint_{cs}\xi\rho_k\phi_k\boldsymbol{v}\boldsymbol{n}\,dA\right)\right]$$

$$(3.1\text{-}2)$$

1）质量守恒方程

系统质量随时间的变化率恒等于零，即

$$\frac{dm}{dt}=0 \tag{3.1-3}$$

根据式 (3.1-3) 可求解环空中多相流动的质量守恒方程为

$$\sum_{k=1}^{n}\iiint_{cv}\left[\frac{\partial}{\partial t}(\rho_k\phi_k)+\nabla(\rho_k\phi_k\boldsymbol{v})\right]dv=0 \tag{3.1-4}$$

整理可得

$$\frac{\partial\rho_m}{\partial t}+\nabla(\rho_m\boldsymbol{v}_m)=0 \tag{3.1-5}$$

可得到油-气-钻井液多相流动连续方程为

$$\frac{\partial\left(A\sum_k\rho_k\phi_k\right)}{\partial t}+\frac{\partial\left(A\sum_k\rho_k\phi_k v_k\right)}{\partial s}=0 \tag{3.1-6}$$

式中，A 为环空截面积，m^2；ρ_k 为油-气-钻井液相密度，kg/m^3；ϕ_k 为油-气-钻井液相的体积分数；v_k 为油-气-钻井液相速度，m/s；k 为油-气-钻井液相；t 为时间，s；s 为长度，m。

2）动量守恒方程

$$\frac{\mathrm{d}}{\mathrm{d}t}(m\boldsymbol{v}_k) = \sum F \tag{3.1-7}$$

代入式（3.1-7）可得

$$\sum_{k=1}^{n}\iiint_{cv}\left[\frac{\partial}{\partial t}(\rho_k\phi_k\boldsymbol{v}_k) + \nabla(\rho_k\phi_k\boldsymbol{v}_k\boldsymbol{v}_k)\right]\mathrm{d}v = \sum \boldsymbol{F} \tag{3.1-8}$$

合外力由体力和面力组成，可表示为

$$\sum_{k=1}^{n}\iiint_{cv}\left[\frac{\partial}{\partial t}(\rho_k\phi_k\boldsymbol{f}) + \nabla(\phi_k\boldsymbol{T}_k)\right]\mathrm{d}v = \sum \boldsymbol{F} \tag{3.1-9}$$

式中，$\boldsymbol{f}$ 为单位质量力，N；$\boldsymbol{T}_k$ 为二阶张力。

$\boldsymbol{T}_k$ 可表示为如下矩阵形式：

$$\boldsymbol{T}_k = \begin{bmatrix} p_{xx} & p_{xy} & p_{xz} \\ p_{yx} & p_{yy} & p_{yz} \\ p_{zx} & p_{zy} & p_{zz} \end{bmatrix} \tag{3.1-10}$$

将动量守恒方程代入 $\boldsymbol{T}_k$ 后得到：

$$\sum_{k=1}^{n}\iiint_{cv}\left[\frac{\partial}{\partial t}(\rho_k\phi_k\boldsymbol{v}_k) + \nabla(\rho_k\phi_k\boldsymbol{v}_k\boldsymbol{v}_k) + \rho_k\phi_k\boldsymbol{f} + \nabla(E_k\boldsymbol{T}_k)\right]\mathrm{d}v = 0 \tag{3.1-11}$$

考虑油、气、水等多相，建立动量守恒模型如下：

$$\frac{\partial}{\partial t}(\rho_k\phi_k\boldsymbol{v}_k) + \nabla(\rho_k\phi_k\boldsymbol{v}_k\boldsymbol{v}_k) + \rho_k\phi_k\boldsymbol{f} + \nabla(E_k\boldsymbol{T}_k) = 0 \tag{3.1-12}$$

油-气-钻井液多相流动的动量守恒为

$$\frac{\partial\left(A\sum_k\rho_k\phi_k v_k\right)}{\partial t} + \frac{\partial\left(A\sum_k\rho_k\phi_k v_k^2\right)}{\partial s} + Ag\sum_k\rho_k\phi_k + \frac{\partial(Ap)}{\partial s} + Ap_{\mathrm{f}} = 0 \tag{3.1-13}$$

式中，g 为重力加速度，$\mathrm{m/s}^2$；p_{f} 为摩阻梯度；p 为压力，N。

2. 多相流辅助方程

在环空中，气体符合雷德利希-邝（Redlich-Kwong）状态方程：

$$p = \frac{RT}{V-b} - \frac{a}{T^{0.5}V(V+b)} \tag{3.1-14}$$

其中，混相气体组分参数：

$$\begin{cases} a = \left(\sum y_i a_i^{0.5}\right)^2 \\ b = \sum y_i b_i \end{cases} \tag{3.1-15}$$

式中，a_i 为组分 i 的 a 值，$a_i = \Omega_a R^2 T_c^{2.5}/P_c$；$b_i$ 为组分 i 的 b 值，$b_i = \Omega_b RT_c/P_c$；T 为流体温度，K；R 为气体常数，J/(mol·K)；$\Omega_a = 0.42748$；$\Omega_b = 0.08664$；V 为酸性气体体积，m^3；y_i 为组分 i 的摩尔分数；T_c 为临界温度，K；p_c 为临界压力，Pa。

假设气体在钻井液中溶解或溢出均瞬时完成，气体溶解度方程为

$$R_s = 0.021\gamma_{gs}[(p+0.1757)10^{(1.7688/\gamma_{os}-0.001638T)}]^{1.205}$$ （3.1-16）

式中，γ_{os}、γ_{gs} 分别为标况下油、气的相对密度，无量纲；R_s 为气体溶解度。

油相体积系数 B_o 可以表示为

$$B_o = 0.976 + 0.00012\left[5.612\left(\frac{\gamma_{gs}}{\gamma_{os}}\right)^{0.5}R_s + 2.25T + 40\right]^{1.2}$$ （3.1-17）

3. 多相流流动形态判别

由于井筒多相流的流型十分复杂，流型图通常是定性分析，只能大致反映出可能存在的流型，而不能明确给出对于某一特定条件下井筒内的实际流型，本节采用如下流型划分方法。

1) 泡状流向弹状流转变

泡状流中气相速度增加，则管内气泡浓度增大，当达到一定程度时，小气泡将凝聚生成接近管径的大气泡而转化为弹状流，流型的这一变化一般发生在空隙率 $\phi = 0.20 \sim 0.25$ 时，将产生流型的空隙率取 $\phi = 0.25$，气泡流向弹状流过渡的判断准则为

$$v_{ls} < 3.0v_{gs} - 1.15\left[\frac{g\sigma(\rho_l - \rho_g)}{\rho_l^2}\right]^{0.25}$$ （3.1-18）

式中，v_{gs} 为气相表观速度，m/s；v_{ls} 为液相表观速度，m/s；g 为重力加速度，m/s²；σ 为表面张力，N/m；ρ_g 为气相密度，kg/m³；ρ_l 为液相密度，kg/m³。

将流型过渡点的空隙率定为 $\phi = 0.30$，则判断准则为

$$v_{ls} < 2.333v_{gs} - 1.071\left[\frac{g\sigma(\rho_l - \rho_g)}{\rho_l^2}\right]^{0.25}$$ （3.1-19）

2) 弹状流向环状流转变

在两个弹状气泡之间液弹因太短而不能形成稳定的液相段，液体形成时而上升、时而下降的流动。当液膜流入下一个液弹时，会有强烈扰动，使该液弹裂变，呈现一种混乱状态，随流体向上流动，被搅乱的液体将并入后续液弹，并重复上述过程。随着这一过程的继续，被搅乱的液相段长度不断增加，直至形成能稳定间隔两个大弹状气泡的环状流。弹状流向环状流转变时，产生环状流所需的入口管道长度 L_s 可表示为

$$L_s = \frac{L_s v_g}{0.35b\sqrt{gd}} = \sum_{n=2}^{\infty}\left[e^{\frac{b}{2^n}} - 1\right]$$ （3.1-20）

式中，L_s 为能稳定地间隔两个大弹状气泡的环状流段长度，m；b 为液弹裂变率，为常数；v_g 为气相速度，m/s；e = 2.718；d 为气泡直径，m。

弹状流中气泡的运动速度可表示为

$$v_g = 1.143(v_{gs} + v_{ls}) + 0.25\sqrt{gd}$$ （3.1-21）

通过分析，可取 $L_s = 16d$，$b = \ln 100 = 4.6$，整理为

$$L_s = 40.6d\left(\frac{v_{gs} + v_{ls}}{\sqrt{gd}} + 0.22\right) \tag{3.1-22}$$

当液相段内的气泡空隙率 ϕ 达到气泡-弹状流段内的平均空隙率 ϕ_m 时，即

$$\phi \geqslant \phi_m \tag{3.1-23}$$

可通过求解分相动量平衡方程或由其他方法获得。

管内流型将发生从弹状流向环状流过渡，ϕ_m 可根据泰勒气泡周围的气化条件求得：

$$\phi_m = 1.0813\left\{\frac{0.2\left(1 - \frac{\rho_g}{\rho_l}\right)^{0.5}(v_{gs} + v_{ls}) + 0.35\left[\frac{gd(\rho_l - \rho_g)}{\rho_l}\right]^{0.5}}{(v_{gs} + v_{ls}) + 0.75\left[\frac{gd(\rho_l - \rho_g)}{\rho_l}\right]^{0.5}\left[\frac{gd(\rho_l - \rho_g)}{\rho_l v_l^{\,2}}\right]^{1/16}}\right\} \tag{3.1-24}$$

3）环状流向环雾流转变

当弹状流中弹状气泡长度 L_g 趋向无穷大时，弹状流向环雾流转变，弹状气泡的周期 T 为

$$T = \frac{L_g + L_l}{v_{gs} + v_{ls} + v_b} \tag{3.1-25}$$

弹状气泡的气相容积流量 q_{mg} 为

$$q_{mg} = \frac{\pi}{4}d^2 v_{gs} = \frac{v_b}{T} \tag{3.1-26}$$

式中，v_b 为弹状气泡的相对上升速度，m/s；T 为弹状气泡的周期，s。

一个弹状气泡的容积 V_b 在气泡直径范围内，可表示为

$$V_b = \frac{\pi}{4}d^2\left(0.913L_g - 0.526d\right) \tag{3.1-27}$$

可得弹状气泡的长度 L_g 为

$$L_g = \frac{v_g L_l + 0.526d(v_{gs} + v_{ls} + 0.35\sqrt{gd})}{0.913(v_{gs} + v_{ls} + 0.35\sqrt{gd}) - v_{gs}} \tag{3.1-28}$$

当弹状气泡长度 $L_g \to \infty$ 时，上式分母等于零，因此可得弹状流转变为环雾流的条件为

$$v_{gs} = 4.02\sqrt{gd} + 11.5v_{ls} \tag{3.1-29}$$

4. 各流型流动参数

1）泡状流参数特性

气体空隙率为

$$\phi_g = \frac{v_{sg}}{s_g(v_{so} + v_{sg} + v_{sw} + v_{sm}) + v_{gr}} \tag{3.1-30}$$

气相分配系数为

$$s_g = 1.20 + 0.371\left(\frac{D_i}{D_o}\right) \tag{3.1-31}$$

式中，D_i 为管柱套管内径，m；D_o 为钻柱外径，m。

这里：

$$v_{gr} = 1.53\left[\frac{g\sigma_{gl}(\rho_l - \rho_g)}{\rho_l^2}\right]^{0.25} \tag{3.1-32}$$

式中，σ_{gl} 为气液界面的张力，N/m。

油-气-水-钻井液的混合密度为

$$\rho_m = \phi_l\rho_l + \phi_g\rho_g \tag{3.1-33}$$

油相含量为

$$\phi_o = \frac{(1-\phi_g)v_{so}}{s_o(v_{so}+v_{sw}+v_{sm})+(1-\phi_g)v_{or}} \tag{3.1-34}$$

式中，v_{so} 为油相滑脱速度，m/s；v_{sw} 为水相滑脱速度，m/s；v_{sm} 为钻井液相滑脱速度，m/s；s_o 为分配系数，可近似为 1.05。

参数 v_{or} 为

$$v_{or} = 1.53\left(\frac{g\sigma_{wo}-\rho_o}{\rho_{wb}^2}\right)^2 \tag{3.1-35}$$

参数 ρ_{wb} 为

$$\rho_{wb} = \phi_w\rho_w + \phi_m\rho_m \tag{3.1-36}$$

水相空隙率表示为

$$\phi_w = \frac{(1-\phi_g-\phi_o)v_{sw}}{v_{sw}+v_{sm}} \tag{3.1-37}$$

钻井液持液率表示为

$$\phi_m = 1-\phi_g-\phi_o-\phi_w \tag{3.1-38}$$

由于水和钻井液相的物理性质相近，可处理为

$$v_w = v_m = v_{wb} \tag{3.1-39}$$

液相对管壁的摩阻梯度表示为

$$\tau_f = f\frac{\rho_l v_l^2}{2D} \tag{3.1-40}$$

式中，f 为摩阻系数；D 为有效环空直径，m。

2) 弹状流参数特性

气相分配系数为

$$s_g = 1.182 + 0.9\left(\frac{D_i}{D_o}\right) \tag{3.1-41}$$

气体滑脱速度可表示为

$$v_{gr} = \left(0.35 + 0.1\frac{D_i}{D_o}\right)\left[\frac{gD_o(\rho_l - \rho_g)}{\rho_l}\right]^{0.5} \tag{3.1-42}$$

3) 环状流及环雾流参数特性

气体空隙率被定义为

$$\phi_g = (1 + x^{0.8})^{-0.378} \tag{3.1-43}$$

x 被定义为

$$x = \sqrt{\frac{\left(\frac{\mathrm{d}p}{\mathrm{d}s_l}\right)_{fr}}{\left(\frac{\mathrm{d}p}{\mathrm{d}s_g}\right)_{fr}}} \tag{3.1-44}$$

油相含量被定义为

$$\phi_o = \frac{(1 - \phi_g)v_{so}}{v_{so} + v_{sw} + v_{sm}} \tag{3.1-45}$$

水相持液率被定义为

$$\phi_w = \frac{(1 - \phi_g)v_{sw}}{v_{so} + v_{sw} + v_{sm}} \tag{3.1-46}$$

钻井液持液率被定义为

$$\phi_m = 1 - \phi_g - \phi_o - \phi_w \tag{3.1-47}$$

3.1.2 地层溢流判断及动态模型

1. 地层溢流动态模型

钻井过程中，当钻进至油气藏产层时，如果油气层压力过高，或钻井液密度偏小，使得地层压力大于井筒内钻井液压力，产生一个正的生产压差，就可能导致油气流体从地层流入井筒，形成溢流。溢流的形成及发展受多种因素影响，其主要影响因素有地层压力和井筒压力差、发生溢流的有效地层厚度、溢流段上井壁泥饼厚度和渗流特性、钻井液物性、地层岩石孔渗饱特性及地层流体高压物性等。为建立流体流动模型，做以下假设：①地层中的流体服从达西定律；②地层流体按黑油模型考虑；③边界按无穷大考虑[9]。

气相质量守恒方程为

$$\nabla\left[\frac{KK_{rg}}{B_g\mu_g}(\nabla p_g - g\rho_g\nabla D) + \frac{KK_{rg}R_s}{B_g\mu_g}\right] + \frac{q_g}{\rho_{gs}} = \frac{\partial}{\partial t}\left[\vartheta\left(\frac{S_g}{B_g} + \frac{S_o}{B_o}R_s\right)\right] \tag{3.1-48}$$

油相质量守恒方程为

$$\nabla\left[\frac{KK_{ro}}{B_o\mu_o}(\nabla p_o - g\rho_o\nabla D)\right] + \frac{q_o}{\rho_{os}} = \frac{\partial}{\partial t}\left(\frac{\vartheta S_o}{B_o}\right) \tag{3.1-49}$$

水相质量守恒方程为

$$\nabla\left[\frac{KK_{rw}}{B_w\mu_w}(\nabla p_w - g\rho_w\nabla D)\right] + \frac{q_w}{\rho_w} = \frac{\partial}{\partial t}\left(\frac{S_w}{B_w}\right) \tag{3.1-50}$$

约束方程为

$$\begin{cases} S_g + S_o + S_w = 1 \\ p_{cgo} = p_g - p_o, p_{cow} = p_o - p_w, p_{cgw} = p_g \quad p_w \end{cases} \tag{3.1-51}$$

式 (3.1-48)~式 (3.1-51) 中，S_w 为水相流体饱和度；S_o 为油相流体饱和度；S_g 为气相流体饱和度；p_w 为水相流体压力，N；p_o 为油相流体压力，N；p_g 为气相流体压力，N；B_w 为水相流体体积系数；B_o 为油相流体体积系数；B_g 为气相流体体积系数；K 为渗透率，mD[①]；K_{rw} 为水相流体相对渗透率，mD；K_{ro} 为油相流体相对渗透率，mD；K_{rg} 为气相流体相对渗透率，mD；ϑ 为地层孔隙率；q_g、q_o 分别为气相、油相汇流量，m^3/s；μ_w 为水相流体黏度，$Pa\cdot s$；μ_o 为油相流体黏度，$Pa\cdot s$；μ_g 为气相流体黏度，$Pa\cdot s$。

2. 控压随钻气体来源判断准则建立

根据重力置换与气侵进入环空的井底溢流量、环空运移特性、井口流量及节流阀回压控制特性，建立了以下 3 种工况下的判断准则。发生气侵时，依靠井口监测设备在气体侵入环空初期就能识别，而气体到达井口前，无法判断气体来源。此时，根据随钻压力 (PWD) 测量工具测量的压差与多相流的计算，增大井口回压。基于此建立了有井下监测工具的判断准则一，见表 3.1-1。

表 3.1-1　有井下监测工具的判断准则一

类别	井口回压控制	井口气体流量变化	环空气体分布	判断
正常	$dP_a/dt=0$	$Q_g=0$	环空 0 气流	无侵入
发现	$dP_a/dt>0$	$Q_g=0$	气体沿环空向井口运移	未知
	$dP_a/dt>0$	$Q_g>0$	气体顶端到达井口	未知
控制	$dP_a/dt<0$	$Q_g>0$, $dQ_g/dt<0$	气体循环出井口	气侵
		$Q_g>0$, $dQ_g/dt=0$		置换
	$dP_a/dt=0$	$Q_g>0$, $dQ_g/dt=0$	环空混合流	置换

注：Q_g 为气体流量，L/s；P_a 为回压，MPa；t 为时间，s。

无井下监测工具时，依靠井口监测设备发现气侵，采取增大回压的措施，井底压力逐渐恢复平衡。当井底发生气侵时，气侵量逐渐减小，从而井口的气体流量逐渐减小；当井底发生重力置换时，井口气侵量基本为常量。基于此建立了无井下监测工具的判断准则二，见表 3.1-2。

---

① $1mD=0.986923\times10^{-15}m^2$。

表 3.1-2　无井下监测工具的判断准则二

类别	井口回压控制	井口气体流量变化	环空气体分布	判断
正常	$dP_a/dt=0$	$Q_g=0$	环空 0 气流	无侵入
控制	$dP_a/dt>0$	$Q_g>0$, $dQ_g/dt<0$	气体循环出井口	气侵
		$Q_g>0$, $dQ_g/dt=0$		置换
	$dP_a/dt=0$	$Q_g>0$, $dQ_g/dt=0$	环空混合流	

注：Q_g 为气体流量，L/s；P_a 为回压，MPa；t 为时间，s。

当井底出现气侵/重力置换时，在不采取任何措施的工况下，若气侵发生，则井底压力逐渐减小，最后可能导致井喷；当井底发生重力置换时，井底的重力置换气体量基本保持恒定。基于此建立了回压无控制的判断准则三，见表 3.1-3。

表 3.1-3　回压无控制的判断准则三

类别	井口回压控制	井口气体流量变化	环空气体分布	判断
正常	$dP_a/dt=0$	$Q_g=0$	环空 0 气流	无侵入
无控制	$dP_a/dt=0$	$Q_g>0$, $dQ_g/dt>0$	环空混合流	气侵
		$Q_g>0$, $dQ_g/dt=0$		置换

注：Q_g 为气体流量，L/s；P_a 为回压，MPa；t 为时间，s。

3. 控压随钻气体来源判断准则求解

由于在现场的气-液流量计监测出的气体流量数据发生微小波动，使差分方法失效，必须借助数学方法对监测出的气体流量及压力曲线去噪。去噪处理后，可得到平滑的压力及流量曲线，启用相应工况下的判断准则，用离散差分方法求解。判断准则中微分方程按时间差分格式如下：

$$\frac{\partial Q_g}{\partial t} \approx \frac{Q_g(t+1)-Q_g(t)}{\Delta t} \tag{3.1-52}$$

$$\frac{\partial p_a}{\partial t} \approx \frac{p_a(t+1)-p_a(t)}{\Delta t} \tag{3.1-53}$$

式中，$Q_g(t+1)$ 为 $t+1$ 时间流量，L/s；$Q_g(t)$ 为 t 时间流量，L/s；$p_a(t+1)$ 为 $t+1$ 时间压力，MPa；$p_a(t)$ 为 t 时间压力，MPa。

某井的钻井液密度为 1460kg/m³，气体相对密度为 0.65，气体黏度为 $1.14×10^{-5}$Pa·s，钻杆弹性模量为 $2.07×10^{11}$Pa，钻杆粗糙度为 $1.54×10^{-7}$m，钻杆泊松比为 0.3，地表温度为 298K，地层梯度为 0.025℃/m。

　　较小的气侵量使井口气体流量变化不明显,而重力置换也产生一定气体流量,致使小气侵量与重力置换不易判断。本书为了验证判断准则的实用性,选用了较小的井底气侵量。

　　在图 3.1-3~图 3.1-6 中, Q_g 为井口流量,L/s; a_g 为流量变化加速度,L/s²; P_a 为回压,MPa; a_p 为压力变化加速度,MPa/s²; T 为时间,min。

　　图 3.1-3 示出了溢流气侵发生时,节流阀控制对井口气体流量的影响。由于气体的侵入,环空有效压力下降,从而井底压差进一步增大,致使井底溢流气体增多,井口气体溢流速度逐渐增大。当利用节流阀回压控制气侵发生时,井底气侵量减小,导致井口气体流速减小。溢流气侵发生时间约为 43.6min 时,气体全部循环出井口,井筒中气体空隙率为 0。溢流气侵发生后,环空中气体流动规律为 0 气流→气液混合流动→0 气流。

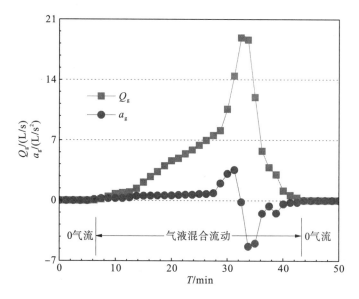

图 3.1-3　溢流气侵中节流阀控制对井口气体流量的影响

　　图 3.1-4 示出了发现溢流气侵时,节流阀控制对回压的影响。发现气侵后,大幅度改变节流阀开度,产生一定回压平衡地层,此时环空中截留一段气体,由于气体与钻井液的密度差,气体加速向井口运移,气体的加速运动产生持续增大的滑脱压降,从而回压逐渐增大,当气体到达井口后,回压达到最大,随气体的流出,回压逐渐下降,当环空 0 气流时,回压恢复平稳。溢流气侵发生后,井口回压变化规律为稳定回压→回压增大→回压达到峰值→回压减小→稳定回压。

　　图 3.1-5 示出了井底发生重力置换时,节流阀控制对井口气体流量的影响。由于气体重力置换主要取决于地层的渗透率及钻井液-岩层接触面积,因此井口气体流速变化不明显。当持续的重力置换发生后,经过回压控制一段时间,气体流速在井口保持平稳。重力置换发生后,环空中气体流动规律为 0 气流→气液混合流动。

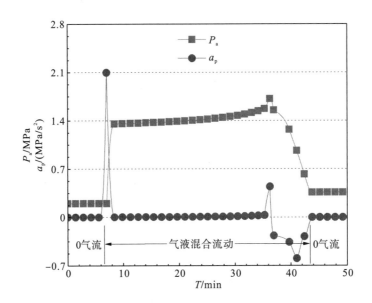

图 3.1-4 溢流气侵中节流阀控制对回压的影响

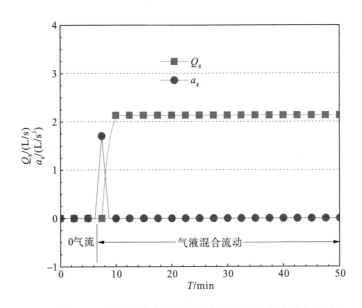

图 3.1-5 重力置换中节流阀控制对井口气体流量的影响

图 3.1-6 示出了井底岩层与钻井液发生重力置换时，节流阀控制对回压的影响。重力置换的发生，将在环空中产生一定量的气体，使环空压力下降，为达到衡压钻井的目的，需在井口增大回压弥补气体产生的有效压降。依据重力置换发生的特性，随回压的变化，置换气体量变化较小。重力置换发生后，井口回压的变化规律为稳定回压→回压增大→稳定回压。

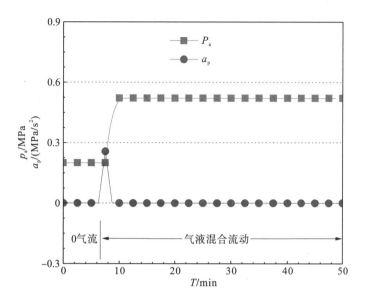

图 3.1-6　重力置换中节流阀控制对回压的影响

3.1.3　模型的求解

1. 溢流模型求解

对于存在单相流体的储集层，可用如下的径向流动方程描述地层渗流规律：

$$\frac{\partial^2 p}{\partial r^2} + \frac{1}{r}\frac{\partial p}{\partial r} = \frac{1}{\eta}\frac{\partial p}{\partial t} \tag{3.1-54}$$

式中，$\eta = K / (c\vartheta\mu)$。

对渗流模型可用差分的方法求解，一阶中心差分为

$$\frac{\partial p}{\partial r} = \lim_{\Delta r \to 0}\frac{p_{i+1,t+1} - p_{i-1,t+1}}{\Delta r} \approx \frac{p_{i+1,t+1} - p_{i-1,t+1}}{2\Delta r} \tag{3.1-55}$$

二阶差分为

$$\frac{\partial^2 p}{\partial r^2} = \frac{p'_{i+1,t+1} - p'_{i-1,t+1}}{\Delta r} = \frac{p_{i+1,t+1} - 2p_{i,t} + p_{i-1,t}}{\Delta r^2} \tag{3.1-56}$$

质量守恒方程可转化为如下差分方程：

$$\frac{2r_i - \Delta r_i}{\Delta 2r_i\Delta r_i^2}p_{i-1,t+1} - \frac{\Delta t + \partial e\,\Delta r_i^2}{\Delta t\Delta r_i^2}p_{i,t+1} + \frac{2r_i + \Delta r_i}{2r_i\Delta r_i^2}p_{i+1,t+1} = -\frac{\partial e}{\Delta t}p_{i,t} \tag{3.1-57}$$

式中，$p_{(i,j,t=0)} = p_0 = \rho g h$，$p_{(1,j,t)} = p_0 + f_1(j-1)\Delta h / 100$，$p_{(2,j,t)} = p_0 + f_2(j-1)\Delta h / 100$，$p_{(n,j,t)} = p_0 + f_n(j-1)\Delta h / 100$。

当 $t=0$ 时，a_i、b_i、c_i、d_i 可表示为

$$\begin{cases} a_i = \dfrac{2r_i - \Delta r_i}{2r_i \Delta r_i^2} \\[3mm] b_i = \dfrac{\Delta t + \partial e \Delta r_i^2}{\Delta t \Delta r_i^2} \\[3mm] c_i = \dfrac{2r_i + \Delta r_i}{2r_i \Delta r_i^2} \\[3mm] d_i = -\dfrac{\partial e}{\Delta t} \end{cases}, \qquad \Delta r_i = r_i - r_{i-1} \tag{3.1-58}$$

差分方程组为

$$\begin{cases} a_1 p_{0,t+1} - b_1 p_{1,t+1} + c_1 p_{2,t+1} = d_1 p_{1,t} \\ a_2 p_{1,t+1} - b_2 p_{2,t+1} + c_2 p_{3,t+1} = d_2 p_{2,t} \\ a_3 p_{2,t+1} - b_3 p_{3,t+1} + c_3 p_{4,t+1} = d_3 p_{3,t} \\ \qquad \cdots\cdots\cdots \\ a_i p_{i-1,t+1} - b_i p_{i,t+1} + c_i p_{i+1,t+1} = d_i p_{i,t} \end{cases} \tag{3.1-59}$$

2. 环空多相流动模型求解

通过井口及井底的边界条件,采用有限差分的方法求解钻进气、液相连续方程及动量方程式。沿井底向井口逐个网格求解,将环空离散为 N 个网格,如图 3.1-7 所示。根据有限差分可求得每个网格点的压力、空隙率及气体滑脱速度。

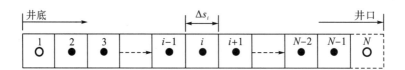

图 3.1-7 沿环空方向离散网格

沿井底向井口逐个网格求解,钻井液相连续方程差分格式如下:

$$\frac{(Av_{sm})_{i+1}^{n+1} - (Av_{sm})_i^{n+1}}{\Delta s} = \frac{(A\phi_m)_i^n + (A\phi_m)_{i+1}^n - (A\phi_m)_i^{n+1} - (A\phi_m)_{i+1}^{n+1}}{2\Delta t} \tag{3.1-60}$$

溢流油相连续方程差分格式如下:

$$\frac{\left(A\dfrac{v_{so}}{B_o}\right)_{i+1}^{n+1} - \left(A\dfrac{v_{so}}{B_o}\right)_i^{n+1}}{\Delta s} = \frac{\left(A\dfrac{\phi_{so}}{B_o}\right)_i^n + \left(A\dfrac{\phi_{so}}{B_o}\right)_{i+1}^n - \left(A\dfrac{\phi_{so}}{B_o}\right)_i^{n+1} - \left(A\dfrac{\phi_{so}}{B_o}\right)_{i+1}^{n+1}}{2\Delta t} \tag{3.1-61}$$

溢流水相连续方程差分格式如下:

$$\frac{(Av_{sw})_{i+1}^{n+1} - (Av_{sw})_i^{n+1}}{\Delta s} = \frac{(A\phi_w)_i^n + (A\phi_w)_{i+1}^n - (A\phi_w)_i^{n+1} - (A\phi_w)_{i+1}^{n+1}}{2\Delta t} \tag{3.1-62}$$

考虑气相溶解度,溢流气相连续方程差分格式如下:

$$\frac{\left[A\left(\rho_{\mathrm{g}}v_{\mathrm{sg}}+\dfrac{\rho_{\mathrm{gs}}R_{\mathrm{s}}v_{\mathrm{so}}}{B_{\mathrm{o}}}\right)\right]_{i+1}^{n+1}-\left[A\left(\rho_{\mathrm{g}}v_{\mathrm{sg}}+\dfrac{\rho_{\mathrm{gs}}R_{\mathrm{s}}v_{\mathrm{so}}}{B_{\mathrm{o}}}\right)\right]_{i}^{n+1}}{\Delta s}=\frac{\left[A\left(\rho_{\mathrm{g}}\phi_{\mathrm{g}}+\dfrac{\rho_{\mathrm{gs}}R_{\mathrm{s}}\phi_{\mathrm{o}}}{B_{\mathrm{o}}}\right)\right]_{i}^{n}}{2\Delta t}$$

$$+\frac{\left[A\left(\rho_{\mathrm{g}}\phi_{\mathrm{g}}+\dfrac{\rho_{\mathrm{gs}}R_{\mathrm{s}}\phi_{\mathrm{o}}}{B_{\mathrm{o}}}\right)\right]_{i+1}^{n}}{2\Delta t}-\frac{\left[A\left(\rho_{\mathrm{g}}\phi_{\mathrm{g}}+\dfrac{\rho_{\mathrm{gs}}R_{\mathrm{s}}\phi_{\mathrm{o}}}{B_{\mathrm{o}}}\right)\right]_{i}^{n+1}}{2\Delta t}-\frac{\left[A\left(\rho_{\mathrm{g}}\phi_{\mathrm{g}}+\dfrac{\rho_{\mathrm{gs}}R_{\mathrm{s}}\phi_{\mathrm{o}}}{B_{\mathrm{o}}}\right)\right]_{i+1}^{n+1}}{2\Delta t} \tag{3.1-63}$$

动量守恒方程差分格式如下：

$$(Ap)_{i+1}^{n+1}-(Ap)_{i}^{n+1}=\zeta_{1}+\zeta_{2}+\zeta_{3}-\frac{\Delta S}{2}\left[(Ap_{\mathrm{f}})_{i}^{n+1}+(Ap_{\mathrm{f}})_{i+1}^{n+1}\right] \tag{3.1-64}$$

其中：

$$\zeta_{1}=\frac{\Delta S}{2\Delta t}\left\{\begin{array}{l}\left[A(\rho_{\mathrm{m}}v_{\mathrm{sm}}+\rho_{\mathrm{o}}v_{\mathrm{so}}+\rho_{\mathrm{g}}v_{\mathrm{sg}}+\rho_{\mathrm{w}}v_{\mathrm{sw}})\right]_{i}^{n}+\left[A(\rho_{\mathrm{m}}v_{\mathrm{sm}}+\rho_{\mathrm{o}}v_{\mathrm{so}}+\rho_{\mathrm{g}}v_{\mathrm{sg}}+\rho_{\mathrm{w}}v_{\mathrm{sw}})\right]_{i+1}^{n}-\\\left[A(\rho_{\mathrm{m}}v_{\mathrm{sm}}+\rho_{\mathrm{o}}v_{\mathrm{so}}+\rho_{\mathrm{g}}v_{\mathrm{sg}}+\rho_{\mathrm{w}}v_{\mathrm{sw}})\right]_{i}^{n+1}-\left[A(\rho_{\mathrm{m}}v_{\mathrm{sm}}+\rho_{\mathrm{o}}v_{\mathrm{so}}+\rho_{\mathrm{g}}v_{\mathrm{sg}}+\rho_{\mathrm{w}}v_{\mathrm{sw}})\right]_{i+1}^{n+1}\end{array}\right\}$$

$$\tag{3.1-65}$$

$$\zeta_{2}=\left[A\left(\frac{\rho_{\mathrm{m}}v_{\mathrm{sm}}^{2}}{\phi_{\mathrm{m}}}+\frac{\rho_{\mathrm{g}}v_{\mathrm{sg}}^{2}}{\phi_{\mathrm{g}}}+\frac{\rho_{\mathrm{o}}v_{\mathrm{so}}^{2}}{\phi_{\mathrm{o}}}+\frac{\rho_{\mathrm{w}}v_{\mathrm{sw}}^{2}}{\phi_{\mathrm{w}}}\right)\right]_{i}^{n+1}-\left[A\left(\frac{\rho_{\mathrm{m}}v_{\mathrm{sm}}^{2}}{\phi_{\mathrm{m}}}+\frac{\rho_{\mathrm{g}}v_{\mathrm{sg}}^{2}}{\phi_{\mathrm{g}}}+\frac{\rho_{\mathrm{o}}v_{\mathrm{so}}^{2}}{\phi_{\mathrm{o}}}+\frac{\rho_{\mathrm{w}}v_{\mathrm{sw}}^{2}}{\phi_{\mathrm{w}}}\right)\right]_{i+1}^{n+1} \tag{3.1-66}$$

$$\zeta_{3}=-\frac{g\Delta s}{2}\left\{\left[A(\rho_{\mathrm{g}}\phi_{\mathrm{g}}+\rho_{\mathrm{m}}\phi_{\mathrm{m}}+\rho_{\mathrm{o}}\phi_{\mathrm{o}}+\rho_{\mathrm{w}}\phi_{\mathrm{w}})\right]^{n+1}+\left[A(\rho_{\mathrm{g}}\phi_{\mathrm{g}}+\rho_{\mathrm{m}}\phi_{\mathrm{m}}+\rho_{\mathrm{o}}\phi_{\mathrm{o}}+\rho_{\mathrm{w}}\phi_{\mathrm{w}})\right]_{i+1}^{n+1}\right\} \tag{3.1-67}$$

式中，v_{sm} 为钻井液相表观速度，m/s；v_{so} 为地层油相表观速度，m/s；v_{sg} 为气相表观速度，m/s。

表 3.1-4 为环空多相流动公式对比。

表 3.1-4　环空多相流动公式对比

公式名称	表达形式	特点
柯列勃洛克-怀特 （Colebrook-White）公式	$\dfrac{1}{\sqrt{\lambda}}=-2\lg\left(\dfrac{\varepsilon}{3.7}+\dfrac{2.51}{Re\sqrt{\lambda}}\right)$	该公式计算量较大，适用于湍流区，被世界广泛应用
潘汉德尔公式	$\lambda=\dfrac{1}{11.81Re^{0.1641}}$	适用于管径为 168.3～610.0mm 的水力光滑区
苏联多相流研究所早期用的公式	$\lambda=0.067(2\varepsilon)^{0.2}$	在阻力平方区、相对粗糙度为 0.00007～0.0001 时有一定准确性，当相对粗糙度大于 0.0001 时计算偏保守
苏联多相流研究所现在常用的公式	$\lambda=5.5\times10^{-3}\left[1+\left(2\times10^{4}\varepsilon+\dfrac{10^{6}}{Re}\right)^{1/3}\right]$	适用于阻力平方区
柯列勃洛克公式	$\dfrac{1}{\sqrt{\lambda}}=-2\lg\left(\dfrac{K_{e}}{3.7D}+\dfrac{2.51}{Re\sqrt{\lambda}}\right)$	在高雷诺数时计算值偏小

3.2 稳态井筒压力计算方法

解决钻井问题的实质是寻求井内各压力间的平衡关系，溢流、井涌的发生都是由于这种平衡关系被打破。当井底压力低于地层压力时，地层流体侵入井底，使环空形成多相流动体系，此时井口压力变化和控制规律以及地层流体向井底的侵入状况均取决于当前井筒内流体的流动规律。因此，气侵后井筒多相流动特性研究是钻井流体力学研究的基础和关键。

3.2.1 稳态多相压力模型

定义管斜角为坐标轴与水平方向的夹角，作用于控制体内流体的外力等于控制体内流体的动量变化[10]，即

$$\sum F_z = \rho A \mathrm{d}z \frac{\mathrm{d}v}{\mathrm{d}t} \tag{3.2-1}$$

式中，ρ 为流体密度，$\mathrm{kg/m^3}$；A 为管内流通截面积（$A = \pi D^2 / 4$），$\mathrm{m^2}$，D 为管子内径，m；v 为流速，$\mathrm{m/s}$；$\mathrm{d}v/\mathrm{d}t$ 为加速度，$\mathrm{m/s^2}$。

作用于控制体的外力 $\sum F_z$ 可表示为

$$\frac{\mathrm{d}p}{\mathrm{d}z} = -\rho g \sin\theta - \frac{\tau_\mathrm{w} \pi D}{A} - \rho v \frac{\mathrm{d}v}{\mathrm{d}z} \tag{3.2-2}$$

管壁摩擦应力与单位体积流体所具有的动能成正比。引入摩擦阻力系数 f，即

$$\tau_\mathrm{w} = \frac{f}{4} \frac{\rho v^2}{2} \tag{3.2-3}$$

摩阻压力梯度用 τ_f 表示为

$$\tau_\mathrm{f} = \frac{\tau_\mathrm{w} \pi D}{A} = \frac{\tau_\mathrm{w} \pi D}{\dfrac{\pi D^2}{4}} = \frac{4\tau_\mathrm{w}}{D} = f \frac{\rho v^2}{2D} \tag{3.2-4}$$

上述动量守恒方程式(3.2-2)即为压力梯度方程：

$$\frac{\mathrm{d}p}{\mathrm{d}z} = -\left(\rho g \sin\theta + f \frac{\rho v^2}{2D} + \rho v \frac{\mathrm{d}v}{\mathrm{d}z} \right) \tag{3.2-5}$$

总压降梯度可用式(3.2-6)表示为 3 个分量之和，即重力、摩阻、动能压降梯度（分别用下标 G、F、A 表示）。其中动能项明显小于前两项。

$$\frac{\mathrm{d}p}{\mathrm{d}z} = \left(\frac{\mathrm{d}p}{\mathrm{d}z} \right)_\mathrm{G} + \left(\frac{\mathrm{d}p}{\mathrm{d}z} \right)_\mathrm{F} + \left(\frac{\mathrm{d}p}{\mathrm{d}z} \right)_\mathrm{A} \tag{3.2-6}$$

井筒坐标的正向取为流体流动方向，故总压力梯度为负值，表示沿流动方向压力降低。在油井管流计算时往往是已知地面参数，计算井底流压，需要以井口作为计算起点（z=0），由上而下为 z 的正向，即与油井流体流动方向相反。因此有

$$\frac{\mathrm{d}p}{\mathrm{d}z} = \rho g \sin\theta + f \frac{\rho v^2}{2D} + \rho v \frac{\mathrm{d}v}{\mathrm{d}z} \tag{3.2-7}$$

对于水平管流，$\theta=0$、$\sin\theta=0$，克服流体重力所消耗的压力梯度 $(\mathrm{d}p/\mathrm{d}z)_G=0$。若忽略动能损失，则

$$\frac{\mathrm{d}p}{\mathrm{d}z} = f\frac{\rho v^2}{2D} \tag{3.2-8}$$

单相流的压力梯度方程仍适用于多相流动。对于垂直上升管流，$\theta=90°$、$\sin\theta=1$。为了强调多相混合物流动，则可表示为

$$\frac{\mathrm{d}p}{\mathrm{d}z} = \rho_m g\sin\theta + f_m\frac{\rho_m v_m^2}{2D} + \rho_m v_m\frac{\mathrm{d}v_m}{\mathrm{d}z} \tag{3.2-9}$$

3.2.2　稳态多相压力求解方法及步骤

1. 求解方法

由于压力梯度方程函数包含了流体物性、运动参数及其有关的无因次变量，难以求其解析解。一般采用迭代法或龙格-库塔(Runge-Kutta)法进行数值求解，将压力梯度方程的求解处理为常微方程的初值问题，即

$$\begin{cases} \dfrac{\mathrm{d}p}{\mathrm{d}z} = F(z,p) \\ p(z_0) = p_0 \end{cases} \tag{3.2-10}$$

由已知起点(井口或井底)处的压力 p_0 构成初值条件。这类常微分方程的初值问题可采用具有较高精度的四阶龙格-库塔法进行数值求解。

对 z 取步长 h，由已知的初值 (z_0,p_0) 和函数 $F(z,p)$ 计算以下数值：

$$\begin{cases} k_1 = F(z_0,p_0) \\ k_2 = F\left(z_0 + \dfrac{h}{2}, p_0 + \dfrac{h}{2}k_1\right) \\ k_3 = F\left(z_0 + \dfrac{h}{2}, p_0 + \dfrac{h}{2}k_2\right) \\ k_4 = F(z_0 + h, p_0 + hk_3) \end{cases} \tag{3.2-11}$$

在节点 $z_1=z_0+h$ 处的压力值为

$$p_1 = p_0 + \Delta p = p_0 + \frac{h}{6}(k_1 + 2k_2 + 2k_3 + k_4) \tag{3.2-12}$$

若 z_1 未达到预计终点位置 L，再将算出的 (z_1,p_1) 这对值作为下步计算的初始值继续上述计算。如此连续向前推算直到预计的终点，便可算得沿程的压力分布。

计算压力梯度函数 $F(z,p)$ 的基本步骤如下。

(1)确定位置 z 截面处的流动温度 T。通常简化为沿井深直线分布；对于井筒温度计算要求较高(如预测油井结蜡)的情况，应考虑井筒传热效应。

(2)选用合适的物性相关式，调用 PVT 模块计算 T、P 条件下相关流体物性参数。

(3)计算气、液相的体积流量 q_{SG}、q_L。

(4)计算气、液相的表观流速 v_{SG}、v_{SL} 和混合物流速 v_m。

(5) 选用相关式判别流型计算持液率 H_L 和混合物密度 ρ_m。

(6) 计算相应流型下的摩阻系数 f_m。

(7) 计算压力梯度方程的函数 $\mathrm{d}p/\mathrm{d}z$，即 $F(z,p)$。

上述解法中节点步长 h 的大小所产生的误差主要受压力和气液比的影响。可采用变步长，取步长与就地压力成正比，这样既能保证求解精度，又能减少节点数，提高计算速度。

2. 具体求解步骤

考虑气相的压缩性仅随压力变化，混合物流速梯度可简化为

$$\frac{\mathrm{d}v_m}{\mathrm{d}z} \approx \frac{\mathrm{d}v_{SG}}{\mathrm{d}z} = -\frac{v_{SG}}{\rho_G}\frac{\mathrm{d}\rho_G}{\mathrm{d}z} = -\frac{v_{SG}}{p}\frac{\mathrm{d}p}{\mathrm{d}z} \tag{3.2-13}$$

因此，动能压力梯度可表示为

$$\rho_m v_m \frac{\mathrm{d}v_m}{\mathrm{d}z} = -\frac{\rho_m v_m v_{SG}}{p}\frac{\mathrm{d}p}{\mathrm{d}z} = -\frac{W_m q_G}{A^2 p}\frac{\mathrm{d}p}{\mathrm{d}z} \tag{3.2-14}$$

式中，W_m 为混合物质量流量，kg/s。

考虑根据井口压力计算井底流压(以井口作为计算起点 $z=0$)，即坐标向下为正，与油井流体的流向相反，则总压力梯度为正值，即

$$\frac{\mathrm{d}p}{\mathrm{d}z} = \frac{\rho_m g + \tau_f}{1 - \dfrac{W_m q_G}{A^2 p}} \tag{3.2-15}$$

混合物质量流量可表示为油、气、水质软流量之和：

$$W_m = q_{ose} m_t \tag{3.2-16}$$

式中，q_{ose} 为地面脱气原油体积流量，$\mathrm{m^3/s}$；m_t 为伴随生产 $1\mathrm{m^3}$ 地面脱气原油产出的油、气和水的总质量，$\mathrm{kg/m^3}$。

稳定流动常数 m_t 表示为

$$m_t = \rho_{ose} + \rho_{gse} + \rho_{wse}(\mathrm{WOR}) \tag{3.2-17}$$

式中，ρ_{ose} 为标准状态下地面脱气原油密度($1000\gamma_o$)，$\mathrm{kg/m^3}$；ρ_{wse} 为标准状态下地层水密度($1000\gamma_w$)，$\mathrm{kg/m^3}$；ρ_{gse} 为标准状态下天然气密度($1.2\gamma_g$)，$\mathrm{kg/m^3}$；γ_o、γ_g、γ_w 分别为原油、天然气、地层水相对密度；WOR 为生产水油比(产水量与产油量之比)。

在 p 和 T 下气体体积流量为

$$q_G = q_{ose}(R_p - R_s)B_g \tag{3.2-18}$$

式中，R_s 为原油溶解气油比；R_p 为生产气油比(产气量与产油量之比)；B_g 为天然气体积系数。

1) 泡状流

$$\rho_m = H_L \rho_L + H_G \rho_G = (1 - H_G)\rho_L + H_G \rho_G \tag{3.2-19}$$

空隙率与滑脱速度有关。滑脱速度表示为气相速度与液相速度之差。

$$v_s = v_G - v_L = \frac{v_{SG}}{H_G} - \frac{v_{SL}}{1 - H_G} = \frac{q_G}{AH_G} - \frac{q_m - q_G}{A(1 - H_G)} \tag{3.2-20}$$

式中，v_G、v_L 分别为气相、液相速度，m/s。

由式 (3.2-20) 解得

$$H_G = \frac{1}{2}\left[1 + \frac{q_m}{v_S A} - \sqrt{\left(1 + \frac{q_m}{v_S A}\right)^2 - 4\frac{q_G}{v_S A}}\right]$$ （3.2-21）

试验表明，泡状流中滑脱速度 v_S 的平均值可取 0.244m/s。

泡状流中气体以小气泡分布于液体中，靠近管壁的主要是液体。其摩阻压力梯度按液相计算。

$$\tau_f = f\frac{\rho_L v_L^2}{2D} = f\frac{\rho_L}{2D}\left(\frac{v_{SL}}{1 - H_G}\right)^2$$ （3.2-22）

式中，f 为单相流摩阻系数，是管壁相对粗糙度 e/D 和液相雷诺数 Re 的函数，可用 Mood 图查得。

$$Re = \frac{\rho_L D v_L}{\mu_L}$$ （3.2-23）

式中，μ_L 为在 P、T 下的液体黏度，可表示为 $\mu_L = \mu_w f_w + \mu_0(1 - f_w)$，Pa·s；油水混合物在未乳化情况下，可取其体积加权平均值。

对于普通新油管，其管壁绝对粗糙度可取 $e = 0.01527\text{mm}(0.0006\text{in})$。实际取值应考虑油管腐蚀和结垢情况。

对于紊流流态 $(Re > 2300)$：

$$f = \left[1.14 - 2\lg\left(\frac{e}{D} + \frac{21.25}{Re^{0.9}}\right)\right]^{-2}$$ （3.2-24）

对于层流 $(Re \leqslant 2300)$：

$$f = \frac{64}{Re}$$ （3.2-25）

2）段塞流

加入液相分布系数 C_0 以拓宽其适用范围，即

$$\rho_m = \frac{W_m + \rho_L v_b A}{q_m + v_b A} + C_0 \rho_m$$ （3.2-26）

式中，v_b 为气泡相对于液相的上升速度，m/s；用格里菲斯-沃利斯 (Griffith-Wallis) 公式计算：

$$v_b = C_1 C_2 \sqrt{gD}$$ （3.2-27）

其中，系数 C_1 根据气泡雷诺数 Re_b 确定；

$$Re_b = \frac{\rho_l D v_b}{\mu_L}$$ （3.2-28）

而系数 C_2 根据气泡雷诺数 Re_b 和总流速雷诺数 Re' 确定；

$$Re' = \frac{\rho_L D v_m}{\mu_L}$$ （3.2-29）

因为确定系数 C_1 及 C_2 时要用到 Re'，而 Re' 又与未知 v_b 有关。所以须先假设 v_b 值，求得 C_1 及 C_2 后，再计算 v_b 值，采取迭代法重复计算直到假设值与计算值接近。v_b 值也可以根据不同的 Re_b 值用下式计算：

当 $Re_b \leqslant 3000$ 时，

$$v_b = \left(0.546 + 8.74 \times 10^{-6} Re'\right)\sqrt{gD} \tag{3.2-30}$$

当 $3000 < Re_b < 8000$ 时，

$$v_b = \frac{1}{2}\left(v_{bi} + \sqrt{v_{bi}^2 + \frac{11170\mu_L}{\rho_L \sqrt{D}}}\right) \tag{3.2-31}$$

$$v_{bi} = \left(0.251 + 8.74 \times 10^{-6} Re'\right)\sqrt{gD} \tag{3.2-32}$$

当 $Re_b \geqslant 8000$ 时，

$$v_b = \left(0.35 + 8.74 \times 10^{-6} Re'\right)\sqrt{gD} \tag{3.2-33}$$

液相分布系数 C_0 由连续液相的类型及混合物流速 v_m 确定，根据 4 种情况选用相应的公式。

$$C_0 = \frac{0.00252\lg\left(10^3 \mu_L\right)}{D^{1.38}} - 0.782 + 0.232\lg v_m - 0.428\lg D \tag{3.2-34}$$

$$C_0 = \frac{0.0174\lg(10^3 \mu_L)}{D^{0.799}} - 1.251 - 0.162\lg v_m - 0.888\lg D \tag{3.2-35}$$

$$C_0 = \frac{0.00236\lg(10^3 \mu_L + 1)}{D^{1.415}} - 1.140 + 0.167\lg v_m + 0.113\lg D \tag{3.2-36}$$

$$C_0 = \frac{0.00537\lg(10^3 \mu_L + 1)}{D^{1.371}} + 0.455 + 0.113\lg D$$
$$- (\lg v_m + 0.516)\left[\frac{0.0016\lg(10^3 \mu_L + 1)}{D^{1.571}} + 0.722 + 0.63\lg D\right] \tag{3.2-37}$$

为了保证各流型之间压力变化的连续性，对液相分布系数 C_0 有以下要求：

当 $v_m \leqslant 3.248\text{m/s}$ 时，

$$C_0 \geqslant -0.2132 v_m \tag{3.2-38}$$

当 $v_m > 3.248\text{m/s}$ 时，

$$C_0 \geqslant -\frac{-v_b A}{q_m + v_b A}\left(1 - \frac{\rho_m}{\rho_L}\right) \tag{3.2-39}$$

段塞流摩阻压力梯度：

$$\tau_f = \frac{f \rho_L v_m^2}{2D}\left(\frac{q_L + v_b A}{q_m + v_b A} + C_0\right) \tag{3.2-40}$$

式中，f 为单相流体摩阻系数，根据管壁相对粗糙度 e/D 和总流速雷诺数 Re' 计算。

3）过渡流

先按段塞流和环雾流分别计算，然后用以下两式按线性内插法确定过渡流相应的 ρ_m 和 τ_f。

$$\rho_{\mathrm{m}} = \frac{L_{\mathrm{M}} - N_{\mathrm{GV}}}{L_{\mathrm{M}} - L_{\mathrm{S}}}(\rho_{\mathrm{m}})_{\mathrm{s}} + \frac{N_{\mathrm{GV}} - L_{\mathrm{S}}}{L_{\mathrm{M}} - L_{\mathrm{S}}}(\rho_{\mathrm{m}})_{\mathrm{M}} \tag{3.2-41}$$

$$\tau_{\mathrm{f}} = \frac{L_{\mathrm{M}} - N_{\mathrm{GV}}}{L_{\mathrm{M}} - L_{\mathrm{S}}}(\tau_{\mathrm{f}})_{\mathrm{s}} + \frac{N_{\mathrm{GV}} - L_{\mathrm{S}}}{L_{\mathrm{M}} - L_{\mathrm{S}}}(\tau_{\mathrm{f}})_{\mathrm{M}} \tag{3.2-42}$$

式中，$(\rho_{\mathrm{m}})_{\mathrm{s}}$、$(\rho_{\mathrm{m}})_{\mathrm{M}}$ 分别为段塞流、环雾流时的混合物密度，$\mathrm{kg/m^3}$；$(\tau_{\mathrm{f}})_{\mathrm{s}}$、$(\tau_{\mathrm{f}})_{\mathrm{M}}$ 分别为段塞流、环雾流时的摩阻损失梯度，$\mathrm{Pa/m}$；L_{S} 为段塞流界限参数；L_{M} 为环雾流界限参数；N_{GV} 为无因次气相速度。

4）环雾流

混合物平均密度为

$$\rho_{\mathrm{m}} = (1 - H_{\mathrm{G}})\rho_{\mathrm{L}} + H_{\mathrm{G}}\rho_{\mathrm{G}} \tag{3.2-43}$$

环雾流一般发生在高气液比、高流速条件下，液相以小液滴形式分散在气柱中呈雾状，这种高速气流携液能力强，其滑脱速度甚小，一般可忽略不计，故有

$$H_{\mathrm{G}} = \frac{q_{\mathrm{G}}}{q_{\mathrm{L}} + q_{\mathrm{G}}} \tag{3.2-44}$$

环雾流的摩阻压力梯度则按连续气相计算：

$$\tau_{\mathrm{f}} = f\frac{\rho_{\mathrm{G}}v_{\mathrm{SG}}^2}{2D} \tag{3.2-45}$$

雷诺数为

$$Re_{\mathrm{g}} = \frac{Dv_{\mathrm{SG}}\rho_{\mathrm{G}}}{\mu_{\mathrm{g}}} \tag{3.2-46}$$

环雾流时液膜相对粗糙度一般为 0.001～0.5，需根据无因次量 N_{W} 值按以下公式计算：

$$N_{\mathrm{W}} = \left(\frac{v_{\mathrm{SG}}\mu_{\mathrm{L}}}{\sigma}\right)^2\frac{\rho_{\mathrm{G}}}{\rho_{\mathrm{L}}} \tag{3.2-47}$$

当 $N_{\mathrm{W}} \leqslant 0.005$ 时，

$$\frac{e}{D} = \frac{34\sigma}{\rho_{\mathrm{G}}v_{\mathrm{SG}}^2 D} \tag{3.2-48}$$

当 $N_{\mathrm{W}} > 0.005$ 时，

$$\frac{e}{D} = \frac{174.8\sigma N_{\mathrm{W}}^{0.302}}{\rho_{\mathrm{G}}v_{\mathrm{SG}}^2 D} \tag{3.2-49}$$

3.3　一种简易的井筒多相压力计算方法

根据井底压力、温度、气柱长度，结合气体状态方程，可以计算任意井深处的气柱长度，这里任意井深处的压力及温度可以简化为上一时刻的压力及温度。井筒压力的计算步骤如下。

（1）井底气柱长度。

(2) 井底压力、温度。

(3) 计算任意井深处的压力、温度。

(4) 结合状态方程，代入 $P_1V_1/T_1 = P_2V_2/T_2$，可求得任意井深处的气柱长度；

(5) 计算出气体膨胀体积。

(6) 计算出气体所占份额。

(7) 计算出任意井深处的压力减小值(通过钻井液与气体的密度差与气柱的体积计算)。

(8) 计算出井筒压力。

3.4　压井节流循环环空多相流井筒压力影响因素分析

3.4.1　节流循环环空多相流运移规律分析

当井深为 6000m、钻井液密度为 1460kg/m³、钻井液排量为 26L/s、钻杆外径为 127.0mm、套管内径为 215.9mm、地面大气压为 0.101MPa、钻井液为敞口循环时，地面溢流体积与井筒气体体积变化关系如图 3.4-1 所示。图中曲线分别表示地面溢流量 Q_g=2.0m³、Q_g=1.5m³、Q_g=1.0m³、Q_g=0.7m³、Q_g=0.4m³、Q_g=0.2m³ 时，气体体积沿井筒的变化规律。当在井底段时，气体处于高压状态下，气体的膨胀没有明显变化。在接近井口运移时，气体体积急剧膨胀。随气侵量增加，井筒中的气体体积均呈减小趋势。地面溢流体积与井筒气体体积变化关系见附表 2.1[11,12]。

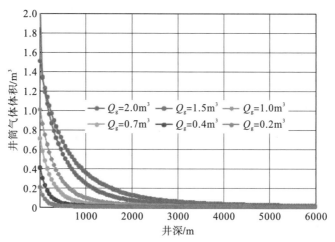

图 3.4-1　地面溢流体积与井筒气体体积变化关系图

图 3.4-2 为地面溢流增量与井筒气体体积增量关系图。图中曲线表示地面初始溢流量 Q_g=0.2m³，且增量分别为 0.2m³、0.5m³、0.8m³、1.3m³、1.8m³ 时，地面溢流增量与井筒气体体积增量的关系。随着地面溢流量的增大，井筒气体体积呈现增大趋势。当地面溢流量为 0.2m³，增量为 0.2m³ 时，6000m 井底的溢流体积从 0.000505m³ 增加到 0.001154m³，增加了 0.000649m³。地面溢流增量与井筒气体体积增量的关系见附表 2.2。

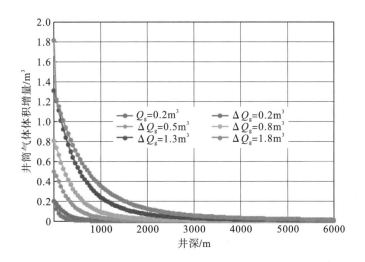

图 3.4-2　地面溢流增量与井筒气体体积增量的关系

图 3.4-3 为同地面溢流 $0.2m^3$ 相比不同井深井筒气体体积增加倍数图。随着地面溢流增量的增大,井筒气体体积呈现增大趋势,随着井深的增加,井筒气体体积增加倍数呈现先增大后减小的趋势,这是由于气体在高温高压下呈现超临界状态,达到一定井深后,气体体积骤然膨胀。

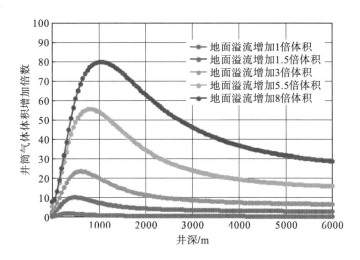

图 3.4-3　同地面溢流 $0.2m^3$ 相比不同井深井筒气体体积增加倍数图

3.4.2　节流循环过程节流阀动作回压传递速度分析

图 3.4-4 为气体空隙率对压力波速的影响曲线。井筒中气体具有较大的可压缩性,钻井液中侵入少量的酸性气体后,波速显著降低,随空隙率的持续增大,波速呈先缓慢减小后逐渐增大的趋势;空隙率较低时,随压强增加,虚拟质量力对波速的影响不大;空隙率较大时,随压强增加,虚拟质量力对波速的影响减弱[13,14]。

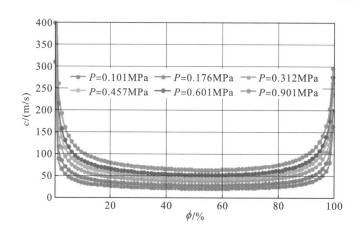

图 3.4-4　气体空隙率对压力波速的影响曲线

图 3.4-5 为井筒压力对压力波速的影响曲线。在恒定温度下，系统压强增大，波速逐渐增大，且波速的增加呈变缓趋势，可由两相流体的压缩性和密度的变化进行解释。由气体状态方程可知，随压强的增加，气相密度逐渐增大，提高了气液两相的不可压缩性，使波速增加，当压力达到高压时，气体的压缩性变化很小，波速变化趋于平缓。在泡状流中，空隙率较低，随压强增加，虚拟质量力对波速的影响不大，ϕ 为 0.05 或 0.10 时，$C_{vm} = 0$ 与 $C_{vm} = \mathrm{Re}$（即考虑虚拟质量力）的曲线基本重合；弹状流中，考虑虚拟质量力的压力波速减小，低压段，虚拟质量力对波速的影响较明显，随压力增大，虚拟质量力的影响减弱。这是由于泡状流的虚拟质量力受气相空隙度的影响，弹状流的虚拟质量力主要受气泡长度与气泡半径的影响。

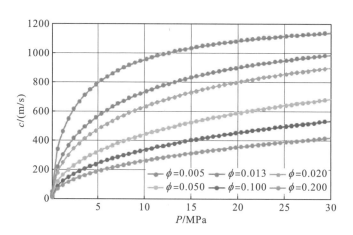

图 3.4-5　井筒压力对压力波速的影响曲线

3.5　一种考虑虚拟质量力的气液两相压力波色散经验模型

气液两相流广泛存在于化工、石油、冶金、水动力及核能等工业领域，伴随多相波动现象，气液波动受相界面机械及热力学平衡机制的制约，使气液两相的传热、传质及相间阻力特性发生较大变化。掌握压力波衰减系数，不仅可以服务于核动力、化工等领域，也可以服务于石油领域(如控压钻井波动压力的分析)等，对多相流测量及计算有重要意义。

虽然前人对压力波速做了诸多研究，但关于两相扰动频率对压力衰减系数(色散变化特性)影响的研究，至今仅有实验测试，没有相关的经验公式。考虑虚拟质量力对多相波色散的研究几乎没有，对两相压力波的色散现象仍存在认识不统一的问题。

由于井筒两相流中气液相界面作用、气体滑脱、气液物性差异等，使井筒多相波色散研究难度增大，在气液两相流动过程中，当气相相对于液相作加速运动时，同时给予液相一个加速作用力，因而液相施加于气相一个加速反作用力，即为虚拟质量力。本书通过双流体模型的扰动分析，推导提出了考虑虚拟质量力的气液两相压力波色散经验模型，能给压力波速色散的研究带来便捷，也可以直接应用于多相压力波速及波色散的研究中。

3.5.1　模型建立

根据气体单相质量守恒方程，得到：

$$\frac{\partial(\phi_G \rho_G A)}{\partial t} + \frac{\partial(\phi_G \rho_G v_G A)}{\partial x} = 0 \tag{3.5-1}$$

式中，ϕ_G 为气相空隙率；ρ_G 为气相密度；A 为横截面积；x 为管道长度；t 为时间；v_G 为气相速度。

根据液体单相质量守恒方程，得到：

$$\frac{\partial(\phi_L \rho_L A)}{\partial t} + \frac{\partial(\phi_L \rho_L v_L A)}{\partial x} = 0 \tag{3.5-2}$$

式中，v_L 为液相速度；ρ_L 为液相密度；ϕ_L 为持液率。

根据气体单相动量守恒方程，得到：

$$\frac{\partial(\phi_G \rho_G v_G A)}{\partial t} + \frac{\partial(\phi_G \rho_G v_G^2 A)}{\partial x} + A\phi_G \frac{\partial p}{\partial x} = -\phi_G F_V A \tag{3.5-3}$$

式中，F_V 为虚拟质量力。

根据液体单相动量守恒方程，得到：

$$\frac{\partial(\phi_L \rho_L v_L A)}{\partial t} + \frac{\partial(\phi_L \rho_L v_L^2 A)}{\partial x} + A\phi_L \frac{\partial p}{\partial x} = -\phi_G F_V A \tag{3.5-4}$$

气液相间滑脱速度产生的虚拟质量力为

$$F_V = C_{vm} \rho_L \left[\frac{\partial(v_L - v_G)}{\partial t} + v_G \frac{\partial(v_L - v_G)}{\partial x} \right] \tag{3.5-5}$$

式中，C_{vm} 为虚拟质量力系数。

3.5.2　求解及验证

对气相连续方程进行扰动分析，得到：

$$\rho_G(w - Kv_G)\delta\phi_G + \left(\frac{\phi_G}{c_G^2} + \frac{\phi_G \rho_G D C_1}{Ee} \right)(w - Kv_G)\delta p - w\phi_G \rho_G \delta v_G = 0 \tag{3.5-6}$$

式中，C_1 为管道支撑方式系数；K 为波数；w 为频率；e 为粗糙度；E 为管道弹性模量。

对液相连续方程进行扰动分析，得到：

$$-\rho_L(w - Kv_L)\delta\phi_G + \phi_L\left(\frac{1}{c_L^2} + \frac{\rho_L DC_1}{Ee}\right)(w - Kv_L)\delta p - K\phi_L\rho_L\delta v_L = 0 \tag{3.5-7}$$

对气相动量守恒方程进行扰动分析，得到：

$$[(\phi_G\rho_G + \phi_G\rho_L C_{vm})(w - Kv_G)]\delta v_G - K\phi_G\delta p - [\phi_G\rho_L C_{vm}(w - Kv_G)]\delta v_L = 0 \tag{3.5-8}$$

对液相动量守恒方程进行扰动分析，得到：

$$[(\phi_L\rho_L + \phi_G\rho_L C_{vm})(w - Kv_L)]\delta v_L - K\phi_G\delta p - [\phi_G\rho_L C_{vm}(w - Kv_G)]\delta v_L = 0 \tag{3.5-9}$$

整理式 (3.5-6)～式 (3.5-9)，可统一表示为

$$F_i(X + \delta X) = F_i(X) + \sum_{j=1}^{N}\frac{\partial F_i}{x_j}\delta x_j + o(\delta X^2) \quad (i = 1,2,3,4) \tag{3.5-10}$$

设 $J = \sum_{j=1}^{N}\partial F_i / x_j$，式 (3.5-10) 可以变形为

$$F(X + \delta X) = F(X) + J\delta X + o(\delta X^2) \tag{3.5-11}$$

式中，$X = X_0 + \delta X \exp[\mathrm{i}(wt - Kx)]$。

忽略二阶小量，组成以下行列式：

$$\begin{vmatrix} M_{11} & M_{12} & M_{13} & 0 \\ M_{21} & M_{22} & 0 & M_{24} \\ 0 & M_{32} & M_{33} & M_{34} \\ 0 & M_{42} & M_{43} & M_{44} \end{vmatrix} = 0 \tag{3.5-12}$$

其中：

$$M_{11} = \rho_G(w - Kv_G), \quad M_{21} = -\rho_L(w - Kv_L), \quad M_{12} = \phi_G\left(\frac{1}{c_G^2} + \frac{\rho_G DC_1}{Ee}\right)(w - Kv_G)$$

$$M_{22} = \phi_L\left(\frac{1}{c_L^2} + \frac{\rho_L DC_1}{Ee}\right)(w - Kv_L), \quad M_{32} = -K\phi_G, \quad M_{42} = -K\phi_L$$

$$M_{13} = -K\phi_G\rho_G, \quad M_{33} = \phi_G(\rho_G + \rho_L C_{vm})(w - Kv_G), \quad M_{43} = -\phi_G\rho_L C_{vm}(w - Kv_G)$$

$$M_{24} = -K\phi_L\rho_L, \quad M_{34} = -\phi_G\rho_L C_{vm}(w - Kv_G), \quad M_{44} = -\phi_L\rho_L(w - Kv_L) + \phi_G\rho_L C_{vm}(w - Kv_G)$$

整理可得

$$(\phi_L^2\rho_G + \phi_G\phi_L\rho_L + \rho_L C_{vm})K^2 = w^2\left(\frac{\phi_G}{\rho_G c_G^2} + \frac{\phi_L}{\rho_L c_L^2} + \frac{DC_1}{Ee}\right)[\rho_s(\phi_L^2 d_G + \phi_G\phi_L\rho_L) + \rho_m\rho_L C_{vm}] \tag{3.5-13}$$

得到两相压力波色散经验公式：

$$\eta = \cfrac{\omega}{2\sqrt{\cfrac{\phi_L^2\rho_G + \phi_G\phi_L\rho_L + \rho_L C_{vm}}{\left(\cfrac{\phi_G}{\rho_G c_G^2} + \cfrac{\phi_L}{\rho_L c_L^2} + \cfrac{DC_1}{Ee}\right)[\rho_s(\phi_L^2\rho_G + \rho_G\rho_L\phi_L) + \rho_m\rho_L C_{vm}]}}} \tag{3.5-14}$$

式中，w 为频率，Hz；C_{vm} 为虚拟质量力系数；$\rho_s = \dfrac{\rho_G \rho_L}{\phi_G \rho_L + \rho_G \phi_L}$；$\rho_m = \phi_G \rho_G + \phi_L \rho_L$；

$\rho_G = \dfrac{3.4841 \times 10^{-3} r_G p}{z_G T}$，其中 z_G 为天然气的偏差因子(常取 0.94)，r_G 为相对密度(常取 0.65)，

T 为温度，p 为压力。

多相泡状流中，虚拟质量力系数为

$$C_{vm} = \frac{1 + 2\phi_G}{2\phi_L} \tag{3.5-15}$$

多相弹状流中，虚拟质量力系数为

$$C_{vm} = 3.3 + 1.7\frac{3L_q - 3R_q}{3L_q - R_q} \tag{3.5-16}$$

式中，R_q 为气泡宽度；L_q 为气泡长度。

图 3.5-1 为本书模型计算压力波衰减系数与前人泡状流实验测试结果对比，测试实验空隙率参数为 12.5%，其中两个不同的空隙率分别为 0.050 和 0.125，测试压力为 0.101MPa，选取了测试实验的 12 个实测数据，本书数学模型计算条件选取与实验测试条件一致，测试结果具有一致性[15]。

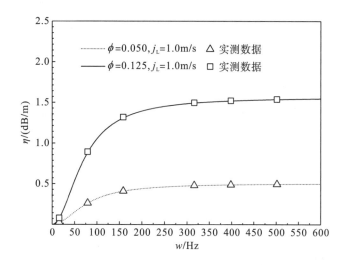

图 3.5-1　本书模型计算压力波衰减系数与前人实测数据对比

3.5.3　控压钻井压力波色散影响因素分析

控压钻井操作中，通过频繁调节节流阀(节流阀属于低频动作，频率为 0～100Hz)，控制井口回压平衡井底压力[16-18]。节流阀调节过程中不仅产生稳态回压，同时也产生压力波，压力波传播速度的研究可以指导节流阀动作间隔，压力波速衰减的研究可以指导井底有效压力计算，更深刻认识多相压力在井筒中的变化规律。

以四川省成都市彭州市 PZ-5-3D 井为例，完钻层位雷四段 TL$_4^{3\text{-}3}$ 层，靶点储层顶垂深

5787m、储层底垂深 5827m（图 3.5-2），钻至 5600m 发生溢流，钻井液黏度为 0.056Pa·s，钻井液密度为 1.66g/cm³，套管管柱弹性模量为 2.07×10¹¹Pa，地面大气压为 0.1MPa，段塞流气泡平均宽度为 0.002m，裂缝地层出气量为 0.33L/s，BPT 为节流循环排气回压，SPT 为立压，管道粗糙度为 0.0015mm，气体密度为 1.32kg/m³，液相密度为 1000kg/m³。

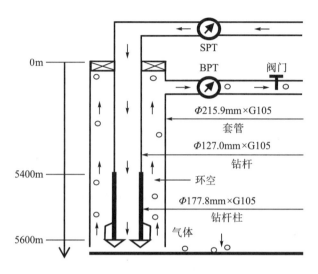

图 3.5-2   控压钻井气侵循环排气示意图

　　图 3.5-3 为扰动频率对波色散的影响。随着节流阀动作频率的增大，压力波衰减系数在低频呈现急剧上升的趋势，在低频状态下，气液状态更容易达到有序平衡状态，因而压力波衰减系数较小。在高频状态下，压力波色散趋于稳定趋势，角频率的增大，致使两相流没有足够时间达到平衡状态，相间作用增大，从而压力波衰减相对稳定，压力波色散现象消失。

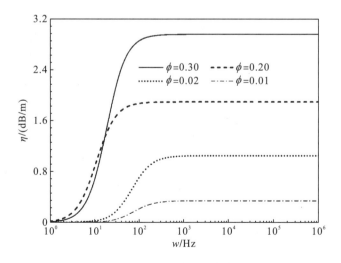

图 3.5-3   扰动频率对波色散的影响

图 3.5-4 为空隙率对波色散的影响。随着空隙率的增大，压力波衰减分为增速区、减速区、缓速区 3 个区间。随着井筒空隙率的增大，压力衰减系数呈现先增大后减小的趋势。当空隙率大于 60%时，波色散现象逐渐趋于消失，这是由气液界面间的动量及能量传递减弱。当空隙率为 8%～40%时，两相波色散现象增大，并且存在最大峰值，当压力为 0.2MPa时，空隙率在 19.5%时达到最大波衰减峰值(2.78dB/m)，这是由气液界面间的动量及能量增大导致的。

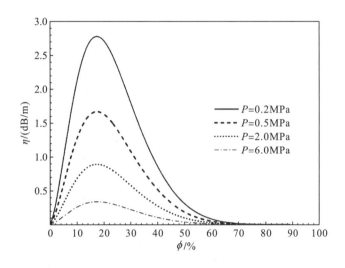

图 3.5-4　空隙率对波色散的影响

图 3.5-5 为压力对波色散的影响。随着压力的增大，压力波速衰减系数呈现减小趋势。随着压力的增大，气体呈现压缩性增大，当井口为低压环境($1\text{MPa} \leqslant P \leqslant 3\text{MPa}$)时，两相波色散呈现急剧下降趋势，当井筒中为高压环境($P > 3\text{MPa}$)时，随着压力的增大，两相之间的能量交换减少，两相波色散现象不明显。

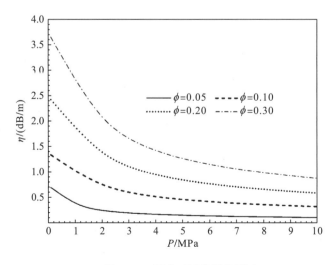

图 3.5-5　压力对波色散的影响

　　图 3.5-6 为虚拟质量力对波色散的影响。虚拟质量力受到气液两相运移速度的影响，气体滑脱越严重，虚拟质量力对两相波色散的影响越大，不考虑虚拟质量力时，忽略了气液两相的加速度力，因此波色散现象严重，压力衰减系数整体呈现增大的趋势。

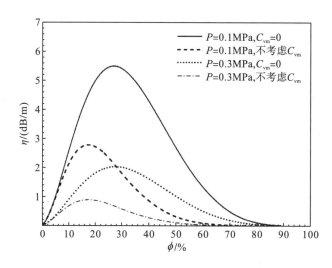

图 3.5-6　虚拟质量力对波色散的影响

　　图 3.5-7 为温度对波色散的影响。随着温度的升高，压力波衰减系数呈现增大的趋势。温度的升高，加剧了气体膨胀现象，从而导致气液两相界面交换的能量增大，波色散现象呈现增大趋势，温度的升高对压力衰减系数增大幅度的影响不大。

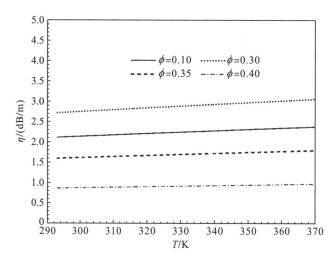

图 3.5-7　温度对波色散的影响

3.5.4　裂缝型地层自动压井环空多相压力波速特性分析

　　PZ-5-3D 井位于四川省彭州市葛仙山镇，完钻层位雷四段 TL_4^{2-3} 层，靶点储层顶垂深

5787m、储层底垂深 5827m，地质条件复杂，上下地层压力系数差别大，须家河组—小塘子组高压裂缝型气层发育(典型裂缝型地层)，分布广，显示活跃且能量大，小塘子组气层活跃，钻至 5600m 发生溢流，钻井液黏度为 0.056Pa·s，钻井液密度为 1.66g/cm^3，套管管柱弹性模量为 $2.07×10^{11}$，地面大气压为 0.1MPa，段塞流气泡平均宽度为 0.002m，裂缝地层出气量为 0.33L/s。

　　随压井环空压力波速的增大，井底压力响应时间减小，节流阀调节时间间隔减小。流体的弹性特点，决定了流体的压缩性、气液能量耗散程度，从而会影响压力波传递速度。图 3.5-8 为裂缝气段塞流空隙率对压力波速的影响。从图中可以看到，随空隙率增大，压力波速呈现先减小后增大的趋势；裂缝气出气具有环空呈现段塞流流型的特点。环空空隙率的 0～16%区间与 16%～82%区间相比较，其对应的压力波速变化幅度更大。环空空隙率在 0～16%区间，流体主要以液相弹性为主，压力波速呈现急剧下降趋势；环空空隙率在 16%～45%区间，流体主要以气相弹性-液相弹性为主，压力波速趋于恒定值；环空空隙率在 45%～70%区间，流体主要以气相弹性为主，压力波速呈现增大趋势；环空空隙率大于 70%区间压力波速区域稳定。

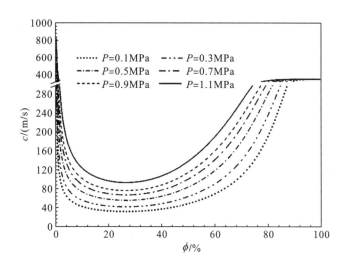

图 3.5-8　裂缝气段塞流空隙率对压力波速的影响

　　图 3.5-9 为裂缝型地层气侵流量(Q_{gas}=0.01L/s、0.08L/s、0.15L/s、0.22L/s、0.29L/s、0.33L/s)对压力波速的影响。从图中可以看到，随环空空隙率减小，压力波速整体呈现减小趋势；当井底气侵流量增大时，环空整体空隙率也呈现增大趋势，压力波速呈现降低趋势，各井段压力响应时间延长，压井节流阀调节间隔增大。当气侵量较小时，在井深≤721m 时，压力波速急剧增大，从 132m/s 增大至 958m/s；当气侵流量较大时，环空遭受气侵程度较大，压力波速沿着整个环空段呈现线性增大趋势，井底压力响应呈现减小趋势，节流阀调阀时间间隔呈现减小趋势。

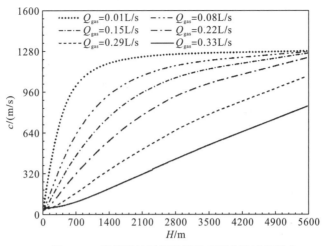

图 3.5-9　裂缝型地层气侵流量对压力波速的影响

　　图 3.5-10 为压井节流阀回压（BP=0.1MPa、1.0MPa、2.0MPa、3.0MPa、4.0MPa、5.0MPa）对压力波速的影响。当井底发生溢流时，自动压井系统依靠井口节流阀产生的实时回压循环排气，以达到平衡井底压力的目的；随井口回压增大，压力波速整体呈现增大趋势。随着回压的增大，环空流体的平均压力增大，从而使流体密度增大，气液界面间动量、能量传递的损失减小，气液相间的动量交换加大，压力波速呈现增大趋势。

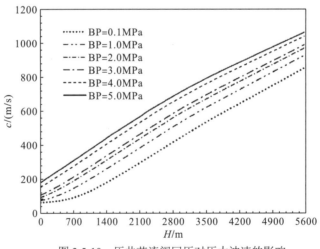

图 3.5-10　压井节流阀回压对压力波速的影响

　　很多工程类问题会选择压力波速经验法求取压力波速，由于经验法求取压力波速忽略了角频率因素的影响，自动压井频繁调阀，会周期性产生压力波。因此，若不考虑角频率，压力波速计算结果会产生一定误差。图 3.5-11 为角频率（w=50Hz、150Hz、250Hz、350Hz、450Hz、550Hz）对压力波速影响。从图中可以看到，随角频率的增大，压力波速逐渐增大；当角频率到达高频段时，随角频率的增大，气液界面间动量、能量传递损失减小，气液相间的动量交换加大，压力波速呈现增大趋势。

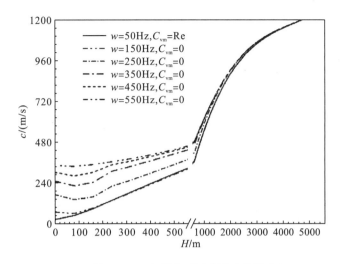

图 3.5-11　角频率对压力波速的影响

图 3.5-12 为气体滑脱速度（v_s=0.08m/s、0.20m/s、0.40m/s、0.60m/s、0.70m/s，0.80m/s）对压力波速的影响。不考虑虚拟质量力时，空隙率在 0～13% 区间内，气体滑脱速度对压力波速影响不大；当气体滑脱速度为 0.80m/s 时，空隙率在 13%～85% 区间内，压力波速由 42.5m/s 增至 320.0m/s，随气体滑脱速度的增大，压力波速呈减小趋势。考虑虚拟质量力时，空隙率在 13%～85% 区间内，压力波速呈平缓恒定趋势；在压井环空中，考虑虚拟质量力与不考虑虚拟质量力相比，压力波速从 40m/s 增至 290m/s，误差高达近 6 倍。

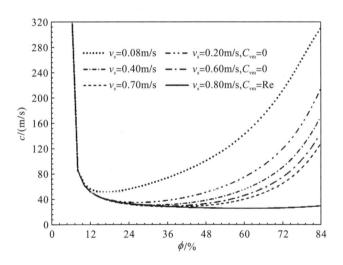

图 3.5-12　气体滑脱速度对压力波速的影响

表 3.5-1 为气体滑脱速度对压力波速影响数据表。在空隙率较小的条件下，由于流体介质主要以液相为主，虽然气体滑脱速度增大，但对气液两相平均体积、平均密度影响不大，此阶段气体滑脱对压力波速的影响不大。当空隙率大于 13%，气体滑脱速度开始对压力波速产生影响，这是由于气体沿着环空向井口运移过程中，气体滑脱速度的增大，使得

气体膨胀体积更大，此阶段气体体积对气液两相平均密度、环空压力影响逐渐增大，因此，此阶段气体滑脱对压力波速的影响逐渐增大。当含气率为 98.1%时，滑脱速度 0.80m/s 同 0.08m/s 比较，从 87.31m/s 增至 349.99m/s，增大了 262.68m/s；同 87.31m/s 比较，压力波速增大了 300.86%。

表 3.5-1　气体滑脱速度对压力波速影响数据表

空隙率 /%	压力波速 c/(m/s)					
	v_s =0.08m/s, C_{vm} =0	v_s =0.20m/s, C_{vm} =0	v_s =0.40m/s, C_{vm} =0	v_s =0.60m/s, C_{vm} =0	v_s =0.70m/s, C_{vm} =0	v_s =0.80m/s, C_{vm}=Re(即考虑虚拟质量力)
6.1	372.18	372.16	372.15	372.13	372.12	372.10
13.1	51.56	41.88	41.16	40.97	40.89	40.61
23.1	59.02	35.31	32.39	31.55	31.20	30.34
33.1	74.55	38.64	31.88	29.54	28.49	28.12
43.1	96.16	48.64	37.08	32.21	29.74	26.92
53.1	127.09	65.87	48.94	40.75	36.03	26.04
63.1	173.82	94.36	70.62	58.27	50.57	26.14
73.1	244.94	145.00	111.09	92.65	80.68	27.50
83.1	325.26	241.65	196.06	168.26	149.18	31.08
93.1	349.51	344.27	334.70	322.83	310.25	41.06
98.1	349.99	349.99	349.99	349.99	349.99	87.31

综上所述，由于裂缝气地层出气比较迅猛，环空多相流流型主要考虑段塞流流型。环空空隙率在 0~16%区间，压力波速呈现急剧减小趋势；环空空隙率在 16%~45%区间，压力波速趋于恒定值；环空空隙率在 45%~70%区间，压力波速呈现增大趋势；环空空隙率大于 70%区间，压力波速趋于稳定。与常规油气输送管道比较，压井循环排气过程中，压力波速计算不仅要考虑环空中时刻变化的空隙率、节流阀动作产生的回压值、气体滑脱速度、环空深度等因素，还要考虑虚拟质量力的因素，在压井环空中，考虑虚拟质量力与不考虑虚拟质量力相比，压力波速计算误差高达近 6 倍。在压井循环排气操作中，节流阀频繁动作产生回压，达到控制环空循环排气的目的，从而平衡井底压力；节流阀动作间隔需要考虑压力波动的传播周期，压井工程师应尽量控制节流阀动作产生的稳态回压周期大于压力波沿环空传播一个周期时间，随压井环空压力波速增大，井底压力响应时间减小，节流阀调节时间间隔减小。

第4章 关 井

关井通常分为硬关井和软关井两种。硬关井是指发现溢流后同时关闭防喷器和阻流器，即把所有的井口出口通道同时关闭。采用这种关井方法对井口装置冲击比较大，井口装置必须具有足够的强度。软关井是指先关井口防喷器，再关出口管的阻流器。对于来势凶猛的溢流或已经发生井喷的井，一般采用软关井。

当发生溢流关井后，关井立压和套压的显示有以下几种情况。

(1)关井立压和套压均为零。这种情况说明井内泥浆静液压力能平衡地层压力。泥浆受油、气侵不严重，采用开着封井器循环除气的方法处理即可。

(2)关井立压为零，套压不为零。这说明泥浆静液压力仍能平衡地层压力，只是环空泥浆受侵污严重。这时必须关闭封井器，通过节流阀循环，排除环空受侵污的泥浆。循环时要通过调节节流阀开度，控制立压不变。

(3)关井立压不为零。这表明井内泥浆静液压力不能平衡地层压力，这时必须提高泥浆密度进行压井。

压井时一般采用小排量压井。主要原因是用小排量压井，泵压较低，可以减小循环设备和管汇的负荷，有利于提高这些设备在压井作业中的可靠性，保证压井作业顺利进行。若采用大排量压井，会使泵压增高，设备负荷增大甚至超过工作能力造成事故。同时也易压漏地层，影响压井作业顺利进行。因此在一般情况下，压井排量采用正常钻进时排量的 $1/3 \sim 1/2$。

4.1 关 井 方 法

4.1.1 软关井

软关井是当发生溢流或井喷后，在阻流器通道开启、其他旁侧通道关闭的情况下关闭防喷器，然后再缓慢关闭阻流器的关井方法。此法优点是不会产生水击压力，但缺点是关井时间长，因此地层流体侵入量多，套压较高。

软关井适用于下列情况：①井口溢流速度过快；②井口装置承压较低；③地层破裂压力过低。

4.1.2 硬关井

硬关井是节流管汇处于关闭状态下，就直接关闭环形或闸板防喷器的关井方式。此法关井最迅速，地层流体侵入井眼最少。但在防喷器关闭期间，由于环空流体由流动突然变为静止，对井口装置将产生水击作用。其水击波又会反作用于整个环空及套管鞋处与裸眼地层。严重时，可能损坏井口装置，并有可能压漏套管鞋处地层及下部裸眼地层。

硬关井适用于下列情况：①井口溢流速度不快；②盐水侵入量大时，井壁极不稳定，需要迅速关井；③井口装置能够承受较大压力。

4.1.3 半软关井

半软关井是发现溢流后，先适当打开节流阀，再关闭防喷器的关井方式。此法的特点介于硬关井与软关井之间。半软关井步骤如下。

(1)钻进中发生溢流：①发出信号，停转盘，停泵；②适当打开节流阀；③关防喷器；④关节流阀，试关井(如果关节流阀时，井口套压急剧上升，则不一定马上关闭节流阀，可适当防喷)；⑤迅速向队长或钻井技术人员报告；⑥认真观察、准确记录立压和套压及泥浆池增减量。

(2)起下钻杆中发生溢流：①发出信号并停止起下钻作业；②抢接回压阀(或投钻具止回阀)；③适当打开节流阀；④关防喷器；⑤关节流阀，试关井；⑥迅速向队长或钻井技术人员报告；⑦认真观察、准确记录立压和套压及泥浆池增减量。

(3)起下钻铤中发生溢流：①发出信号，抢接回压阀(或投钻具止回阀)；②抢接钻杆；③适当打开节流阀；④关防喷器；⑤关节流阀，试关井；⑥迅速向队长或钻井技术人员报告；⑦认真观察、准确记录立压和套压及泥浆池增减量。

如果需要采用硬关井，可省略上述关井步骤③；如果需要采用软关井，则将关井步骤③改为将节流阀全打开。如果地层流体侵入检测及时，一般推荐采用硬关井方式。

4.2 关 井 程 序

具体的关井程序由于各油田的规定不同而略有差别。但有一点是相同的：必须关闭防喷器以阻止井内流体的流动。由于油气藏的特点不同，或钻机类型不同，因此制定关井程序必须深思熟虑，做到人人都理解而且实用。

在钻井作业现场，一般把关井程序称为"四·七动作"(把钻井作业分为 4 种常见的工况，每种工况通过 7 个主要动作完成关井)。常见的"四·七动作"如下。

4.2.1　钻进工况

(1) 发信号。发信号的目的是通报井上发生了溢流，井处在潜在的危险中，指令各岗位人员迅速到位，执行其井控职责，迅速实现对井口的控制。发信号的方式是一长鸣信号。

(2) 停转盘，停泵，把钻具上提至合适位置。也有部分油田规定把钻具提到合适位置后再停泵，这样可延长环空流动阻力施加于井底的时间，减小抽汲，从而抑制溢流，减少溢流量，保持井内有尽可能多的钻井液。

上提钻具的合适位置是指把方钻杆下的第一个单根母接头提出转盘面 0.4~0.5m，为用半封闸板关井创造条件；为扣一吊卡或卡一卡瓦创造条件，防止刹车失灵造成顿钻；为防止井下出现复杂情况、地面循环系统出现故障后采取补救措施创造条件。

(3) 开液动阀，适当打开节流阀。若节流阀平时就已处于半开位置，此时就不需要再继续打开。若节流阀的待命工况是关位，此时只需将其打开到半开位置即可。这样既可减弱水击现象，又能缩短关井时间。

(4) 关防喷器。先关环形防喷器，再关闸板防喷器。先关环形防喷器是为了防止闸板刺坏。

(5) 关节流阀试关井，再关闭节流阀前的平板阀。关闭节流阀时，应注意观察套压变化，防止关井套压超过最大允许关井套压。在将要达到最大允许关井套压时，不能再继续关节流阀，应在控制接近最大允许关井套压的情况下，节流放喷，并以钻进排量迅速向井内泵入储备加重钻井液，采用低节流法压井，控制溢流，重建井内压力平衡。因为现场常用的几种节流阀都不具有"断流"的作用，所以需要将其前面的平板阀关闭以实现完全关井。

(6) 录取关井立压、关井套压及钻井液增量。

(7) 迅速向队长或技术人员及甲方监督汇报。

4.2.2　起下钻杆工况

(1) 发信号。

(2) 停止作业，抢装钻具内防喷工具。如果喷势较大，则要抢装打开着的内防喷工具，然后将其关闭。起下钻发生溢流，环空及钻具内都在喷，应先控制钻具内的溢流。

(3) 开液动阀，适当打开节流阀。

(4) 关防喷器。

(5) 关节流阀试关井，再关闭节流阀前的平板阀。

(6) 录取套压及钻井液增量。

(7) 迅速向队长或技术人员及甲方监督汇报。

4.2.3　起下钻铤工况

(1) 发信号。

(2) 停止起下钻铤作业，抢接钻具内防喷工具及钻杆(防喷单根或防喷立柱)。因为钻铤只能用环形防喷器关井，所以如果喷势不强烈，则应抢接钻杆，以便用半封闸板关井，增加控制手段。抢下钻杆时，接一柱或一根钻杆达到关井的目的即可。

(3) 开液动阀，适当打开节流阀。

(4) 关防喷器。

(5) 关节流阀试关井，再关闭平板阀。

(6) 录取套压及钻井液增量。

(7) 迅速向队长或技术人员及甲方监督汇报。

4.2.4　空井工况

(1) 发信号。

(2) 停止作业。

(3) 开液动阀，适当打开节流阀。

(4) 关防喷器。空井工况下关井，通常不需要先关环形防喷器，可以直接关全封闸板防喷器。因为环形防喷器关空井时关井时间长，延误关井时机。

(5) 关节流阀试关井，再关闭平板阀。

(6) 录取套压及钻井液增量。

(7) 迅速向队长或技术人员及甲方监督汇报。

空井发生溢流时，若井内情况允许，也可在发出信号后抢下几柱钻杆，然后按起下钻杆的关井程序关井。测井作业时发生溢流，若溢流不严重，则可起出电缆再关井；若喷势强烈，来不及起出电缆，则切断电缆，迅速关井。

4.3　关井时最关键的问题

4.3.1　关井要及时果断

一旦发现井涌，关井越迅速，井涌就越小；井涌越小，就越容易得到控制，一般控制程序也越安全。不论关井的责任是谁的(通常是司钻的)，这个人必须反应迅速，行动果断，关井动作熟练，这就需要进行防喷训练，因为这样的操作通常需要较多人的配合，全体井队人员必须熟练他们的操作，并且要对整个过程有一般认识。要记住以下几点：①钻井工况有改变时，要及时讨论关井的程序；②发现井涌时，关井要及时果断；③井涌越小，就越容易得到控制；④井队全体人员必须知道自己的任务，并且具有对整个井控作业的一般性知识；⑤关井程序要考虑多种因素，只考虑一种情况是不够的。

4.3.2　关井不能压裂地层

地层压裂梯度是使地层破裂或扩大已有裂缝的最小压力，即产生漏失的压力。若井漏发生在关井或压井的过程中，其结果会发生地下井喷；若发生在浅层或地表裂开处，将造成无法控制的地面井喷，通常的结果是钻机损毁和人员伤亡。表 4.3-1 为钻井时发生溢流的关井程序。

表 4.3-1 钻井时发生溢流的关井程序

工况	步骤						
	1	2	3	4	5	6	7
正常钻进	发信号	停止钻进	抢提钻杆	关防喷器	关节流阀试关井	录取套压、立压及溢流量	
起下钻杆	发信号	停止起下钻杆	抢下钻杆	开平板阀	关防喷器	关节流阀试关井	录取套压、立压及溢流量
起下钻铤	发信号	停止起下钻铤	抢下钻杆或防喷单根	开平板阀	关防喷器	关节流阀试关井	录取套压、立压及溢流量
空井	发信号	停止其他作业	抢下钻杆	开平板阀	关防喷器	关节流阀试关井	录取套压、立压及溢流量

注：在正常钻进过程中，当超过欠平衡设计安全压力值或放置旋转防喷器失效时，认为出现溢流。

4.4 短期关井后井内压力的变化

4.4.1 关井后井眼内各种压力的平衡关系

在关井一段时间后，地层压力便作用于井底。井眼环形空间和钻柱内部存在钻井液静液柱压力。井眼环形空间和钻柱内部的钻井液液柱在钻柱底部是连通的，地层压力既向上作用于环形空间的钻井液液柱，也向上作用于钻柱内部的钻井液液柱，形成一个"U"形管。对于环空而言，在发生溢流关井后，地层压力一般大于环形空间钻井液液柱压力，关井后地层压力大于环形空间钻井液静液柱压力的压力由防喷器的闸板承受。根据液体传递压力的规律可知，这个压力会被液体传递到整个环形空间，从与环形空间连通的套管压力表上可以观察到这个压力。这个压力就是关井套压。关井套压也作用于井底，这样，关井套压与环形空间的钻井液静液柱压力就一起在井底形成井底压力，与地层压力相互平衡[19]。

对于钻柱内部而言，在发生溢流关井后，地层压力在大多数情况下也大于钻柱内部的钻井液静液柱压力。关井后，地层压力大于钻柱内部钻井液液柱压力的压力，由回压阀或其他设备所承受，同时，这个压力也被液体传递到整个钻柱内部，从与钻柱内部连通的立管压力表上可以观察到这个压力。这个压力就是关井立压。关井立压与关井套压可以统称为井口压力。关井立压也作用于井底，这样，关井立压与钻柱内部的钻井液静液柱压力就一起在井底形成了井底压力，与地层压力相互平衡。

4.4.2　关井立压和套压的三种显示

1. 关井立压、关井套压都大于零，并且关井套压大于关井立压

在地层压力大于环形空间钻井液静液柱压力和钻柱内部钻井液静液柱压力的状态下，就会出现关井立压、关井套压都大于零的显示。在溢流发生时，地层流体就会侵入井眼环形空间，当侵入的地层流体为油、盐水时，会使环形空间的液柱平均密度降低；当侵入的地层流体为天然气时，会使环形空间的钻井液液柱高度降低，导致环形空间钻井液液柱压力降低。而地层流体很不容易侵入钻柱内部，因此，钻柱底部的钻井液液柱压力基本不变。

在发生溢流关井后，不会出现关井立压大于关井套压的现象。在关井套压和关井立压都大于零时，必须提高钻井液密度进行压井。在天然气井钻探中，发现溢流越晚，关井越慢，侵入井内的气柱就越高，环形空间钻井液液柱的高度就越低，天然气的密度小于钻井液密度，而地层压力是本井该深度客观存在的一定值，此时关井套压值会较高。反之，若发现溢流越早，关井越迅速，井内就会有尽可能高的钻井液液柱，气柱侵入就会较小，这样就会使关井套压降低。

关井套压是环空中的钻井液液柱压力与气柱压力形成的井底压力小于地层压力所引起的。在关井后 5～20min 内如果发现关井套压较高，有时可能即将接近最大允许关井套压，这时不能打开节流阀来降低关井套压，否则会适得其反，使关井套压越来越高。其原因是，在打开节流阀时，井内钻井液会经过节流阀向外流出，关井套压会暂时减小，但最终结果是井内的钻井液液柱高度降低，侵入井内的气柱高度升高，关井后套压会增大。

当然，如果关井套压超过了最大允许关井套压，那就必须打开节流阀，并进行分流压井。在油水井钻探中上述现象比较轻微，但也应引起注意。

2. 关井立压为零，关井套压大于零

当钻进时所采用的钻井液密度等于地层压力当量钻井液密度，或者所采用钻井液的附加压力当量钻井液密度值偏小时，在地层流体较多地侵入井眼环形空间的状态下，就会使环形空间的液柱压力小于地层压力，出现关井套压大于零的显示，而在钻柱内部的钻井液液柱没有受到地层流体的污染，钻柱内的钻井液液柱仍然保持着钻进时的钻井液密度，仍能平衡地层压力，因此，关井立压为零。

在发生溢流关井后，不会出现关井立压大于零，而关井套压等于零的现象。

在关井套压大于零，关井立压等于零时，也应进行压井。

3. 关井套压、关井立压都等于零

当钻进时采用的钻井液密度大于地层压力的当量钻井液密度，并且附加压力当量钻井液密度基本符合要求时，在钻开油气层的情况下，地层中的天然气侵入井眼环形空间，随着循环的钻井液不断上升，体积逐渐膨胀，推动钻井液从井口向外溢流，在这种情况下关井后，井眼环形空间和钻柱内部的液柱压力都会大于或者等于地层压力。因此，会出现关井立压、关井套压都等于零的现象。

在关井立压、关井套压都等于零时，可以打开防喷器，进行循环除气。

4.4.3 关井后井内压力计算数学模型

环空控制体的连续方程为

$$\frac{\partial\left(A\sum_{\psi}\rho_{\psi}\phi_{\psi}\right)}{\partial t}+\frac{\partial\left(A\sum_{\psi}\rho_{\psi}\phi_{\psi}v_{\psi}\right)}{\partial s}=0 \tag{4.4-1}$$

式中，A 为环空截面积，m^2；ρ_{ψ} 为气相或钻井液相密度，kg/m^3；ϕ_{ψ} 为气相或钻井液相体积分数；t 为时间，s；v_{ψ} 为气相或钻井液相速度，m/s；s 为环空长度，m。

井筒控制体的多相流动量方程为

$$\frac{\partial\left(A\sum_{\psi}\rho_{\psi}\phi_{\psi}v_{\psi}\right)}{\partial t}+\frac{\partial\left(A\sum_{\psi}\rho_{\psi}\phi_{\psi}v_{\psi}^2\right)}{\partial s}+Ag\sum_{\psi}\rho_{\psi}\phi_{\psi}+\frac{\partial(Ap)}{\partial s}+Ap_{\mathrm{f}}=0 \tag{4.4-2}$$

式中，g 为加速度，m/s^2；p_{f} 为摩阻梯度，MPa/m。

整理式(4.4-1)可得水击压力连续方程为

$$\rho_{\mathrm{m}}Av_{\mathrm{m}}\mathrm{d}t=\left[\rho_{\mathrm{m}}Av_{\mathrm{m}}\mathrm{d}t+\frac{\partial}{\partial s}(\rho_{\mathrm{m}}Av_{\mathrm{m}}\mathrm{d}t)\mathrm{d}s\right]+\frac{\partial}{\partial t}(\rho_{\mathrm{m}}A\mathrm{d}s)\mathrm{d}t \tag{4.4-3}$$

式中，ρ_{m} 为气相和钻井液相平均密度，kg/m^3；v_{m} 为气相和钻井液相平均速度，m/s。

整理式(4.4-2)可得多相水击压力动量方程为

$$
\begin{aligned}
&pA+\left(\sum_{\psi}\rho_{\psi}\phi_{\psi}\right)\left(A+\frac{\partial A}{\partial s}\frac{\mathrm{d}s}{2}\right)g\sin\theta\mathrm{d}s+\left(p+\frac{\partial p}{\partial s}\frac{\mathrm{d}s}{2}\right)\frac{\partial A}{\partial s}\mathrm{d}s \\
&-\left(pA+\frac{\partial pA}{\partial s}\mathrm{d}s\right)-\tau_0X\mathrm{d}s=\left(\sum_{\psi}\rho_{\psi}\phi_{\psi}\right)\left(A+\frac{\partial A}{\partial s}\frac{\mathrm{d}s}{2}\right)\mathrm{d}s\frac{\mathrm{d}v_{\mathrm{m}}}{\mathrm{d}t}
\end{aligned}
\tag{4.4-4}
$$

式中，τ_0 为井筒壁面摩擦阻力系数；X 为井筒湿周半径，m；θ 为井筒与地面倾斜角，$(°)$。

4.4.4 关井后井筒压力数学模型求解

通过井口及井底的边界条件，采用有限差分方法求解井筒气相、液相连续方程及动量方程式。如图 4.4-1 所示，将井筒离散为若干个二维网格。

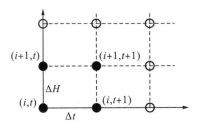

图 4.4-1　井筒多相流二维差分离散网格

对井筒控制体的连续方程进行差分得

$$\frac{(A\rho_\psi v_\psi)_{i+1}^{n+1}-(A\rho_\psi v_\psi)_i^{n+1}}{\Delta s}=\frac{(A\rho_\psi \phi_\psi)_i^n}{2\Delta t}+\frac{(A\rho_\psi \phi_\psi)_{i+1}^n}{2\Delta t}-\frac{(A\rho_\psi \phi_\psi)_i^{n+1}-(A\rho_\psi \phi_\psi)_{i+1}^{n+1}}{2\Delta t} \qquad (4.4\text{-}5)$$

对井筒控制体的多相流动量方程进行差分得

$$(Ap)_{i+1}^{n+1}-(Ap)_i^{n+1}=K_1+K_2+K_3+K_4 \qquad (4.4\text{-}6)$$

其中：

$$K_1=\frac{\Delta s}{2\Delta t}\left\{\begin{array}{l}[A(\rho_l v_{sl}+\rho_g v_{sg})]_i^n+[A(\rho_l v_{sl}+\rho_g v_{sg})]_{i+1}^n\\ -[A(\rho_l v_{sl}+\rho_g v_{sg})]_i^{n+1}-[A(\rho_l v_{sl}+\rho_g v_{sg})]_{i+1}^{n+1}\end{array}\right\} \qquad (4.4\text{-}7)$$

$$K_2=\left[A\left(\frac{\rho_l v_{sl}^2}{\phi_l}+\frac{\rho_g v_{sg}^2}{\phi_g}\right)\right]_i^{n+1}-\left[A\left(\frac{\rho_l v_{sl}^2}{\phi_l}+\frac{\rho_g v_{sg}^2}{\phi_g}\right)\right]_{i+1}^{n+1} \qquad (4.4\text{-}8)$$

$$K_3=-\frac{g\Delta s}{2}\{[A(\rho_l\phi_l+\rho_g\phi_g)]_i^{n+1}+[A(\rho_l\phi_l+\rho_g\phi_g)]_{i+1}^{n+1}\} \qquad (4.4\text{-}9)$$

$$K_4=-\frac{\Delta s}{2}\left[\left(A\frac{\partial p}{\partial s}\right)_{fri}^{n+1}+\left(A\frac{\partial p}{\partial s}\right)_{fri+1}^{n+1}\right] \qquad (4.4\text{-}10)$$

式中，v_{sl} 为液相表观速度，m/s；v_{sg} 为气相表观速度，m/s；Δt 为微元时间，s；ϕ_l 为混合流体持液率；ϕ_g 为气相空隙率；ρ_l 为液相密度，kg/m³；Δs 为控制体长度，m；p 为压力，Pa。

整理井筒控制体的多相水击压力连续方程得到两族特征线方程，其中正族特征线方程为

$$\frac{\mathrm{d}s}{\mathrm{d}t}=v+c \qquad (4.4\text{-}11)$$

式中，c 为水击波速，m/s。

$$\frac{g}{c}\frac{\mathrm{d}H}{\mathrm{d}t}+\frac{\mathrm{d}v}{\mathrm{d}t}-\frac{g}{c}v\sin\theta+\frac{fv|v|}{2D}=0 \qquad (4.4\text{-}12)$$

式中，H 为压力水头，m；D 为管道直径，m。

负族特征线方程为

$$\frac{\mathrm{d}s}{\mathrm{d}t}=v-c \qquad (4.4\text{-}13)$$

$$-\frac{g}{c}\frac{\mathrm{d}H}{\mathrm{d}t}+\frac{\mathrm{d}v}{\mathrm{d}t}+\frac{g}{c}v\sin\theta+\frac{fv|v|}{2D}=0 \qquad (4.4\text{-}14)$$

对正族特征线方程进行差分，可得

$$H_{N} - H_{R} + \frac{c_{R}}{gA}(Q_{N} - Q_{R}) - \frac{Q_{R}(t_{N} - t_{R})}{A}\sin\theta + \frac{c_{R}f}{2gDA^{2}}Q_{R}|Q_{R}|(t_{N} - t_{R}) = 0 \qquad (4.4\text{-}15)$$

式中，Q_{N} 为节点 N 处的流量，m^{3}/s；H_{N} 为节点 N 处的压头，m。

对负族特征线方程进行差分，可得

$$H_{N} - H_{S} - \frac{c_{S}}{gA}(Q_{N} - Q_{S}) - \frac{Q_{S}(t_{N} - t_{S})}{A}\sin\theta - \frac{c_{S}f}{2gDA^{2}}Q_{S}|Q_{S}|(t_{N} - t_{S}) = 0 \qquad (4.4\text{-}16)$$

在高温高压深井地层中，实施井筒多相水击压力检测难度较大，本书通过与前人相关研究的浅井数据对比来验证本模型的正确性。实例中，采用罗马尼亚产 DF346.1×35MPa 双闸板防喷器，井深为 1810m，天然气相对密度为 0.6，钻井液密度为 1.02g/cm³，对比结果如图 4.4-2 所示。可以看出，波动压力首先上升至峰值，随时间推移，逐渐呈现周期性振荡衰减趋势，与前人研究具有一致性。图 4.4-2～图 4.4-6 中，p 均表示水击波动压力。

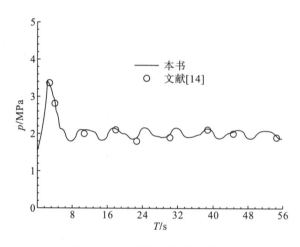

图 4.4-2　本书模型与前人数据对比

4.4.5　关井后井筒压力实例分析

以西南地区某口深井为例，当钻井发现较大溢流时，实施关井。该井钻至 4000m 时选用的钻井液密度为 1420kg/m³，套管尺寸为 244.5mm，钻杆尺寸为 127.7mm，钻铤尺寸为 177.8mm，管柱的粗糙度为 0.0015m，套管泊松比为 0.3，钻井液排量为 0.036m³/s，井筒壁面弹性模量为 2.07×10¹¹Pa。

图 4.4-3 为井底气侵量对水击压力的影响。随气侵量增大，井筒多相流体可压缩性增大，这是由于水击压力传递过程中压力耗散能量增大，使井筒多相水击压力呈现减小趋势。当气侵量由 0.412m³/h 增至 4.140m³/h 时（$T=25s$ 时），井筒所受水击压力大幅减小。井筒水击波速的减小，可使水击压力变化周期变长，延缓了井底水击压力峰值点的出现时间。

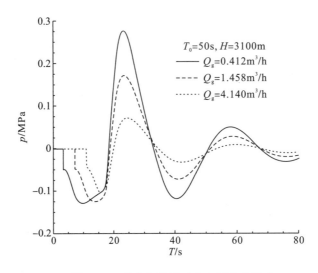

图 4.4-3　井底气侵量对水击压力的影响

　　图 4.4-4 为井底发生 4.140m³/h 气侵关井过程中，井深（H=0m、1550m、3100m）对水击压力的影响。由于井筒壁的摩阻可减小水击压力，因此，在相同气侵条件下，随井深增大，水击压力高峰值减小。在相同的关井操作中，时间为 14.19s 时，井深 1550m 处同井口相比，高峰水击压力减小 0.47MPa，减小了 86.63%。由此可见，流体的压缩性及井筒壁面的摩擦力对水击压力耗散影响较大，使水击压力在沿井筒传输的过程中迅速衰减。

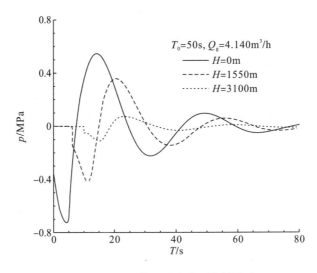

图 4.4-4　井深对水击压力的影响

　　图 4.4-5 为关井时间（T_0=50s、60s、70s）对水击压力的影响。随关井时间推移，井筒多相水击压力峰值减小，水击压力呈周期性向后移动。随关阀时间延长，井筒多相水击压力峰值呈减小趋势，这与单相水击压力的演变规律是一致的，延长 10s 的关阀时间，水击压力峰值减小 44.46%。

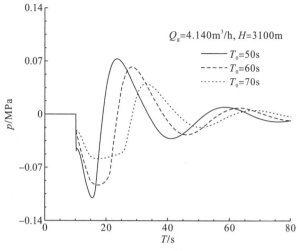

图 4.4-5   关井时间对水击压力的影响

  图 4.4-6 为当井底发生液相溢流或气侵时，50s 关井对井底产生水击压力的变化规律。由于井筒气体的出现导致多相流体的压缩性大幅增大，水击压力在沿井口向井底传播的过程中急剧衰减，延缓了井底水击压力峰值点出现的时间。井底发生液相溢流时（Q_g=0m³/h），水击压力峰值为 1.28MPa。当井底发生 0.412m³/h 气体溢流时，水击压力峰值明显减小，由于受气相压缩性影响，与液相溢流相比，气相溢流水击压力峰值大幅降低。

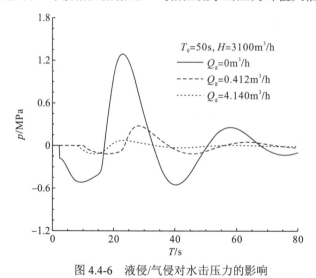

图 4.4-6   液侵/气侵对水击压力的影响

4.5   长期关井后井内压力的变化

  图 4.5-1 为关井后 0.2m³ 气体上升同时不膨胀状态示意图。长期关井以后，已经发生的气侵可能还在运移。在地面的显示是，关井立压和套压等量增加。假如不采取措施，套压可能上升到超过最大允许值，引起地层破裂，造成地下井喷。此时要释放钻井液，允许

气体膨胀，并降低套压。关闭防喷器，气体就不能膨胀。所以气体就保持压力不变而向上移动。结果是气体中的地层压力向地面移动。这个不变的压力上升，压井液就下降，下面的压井液静液柱压力使井底压力增加，上部静液柱压力减小使地面压力增大，实际上整个井中压力增加。长时间关井井底压力增大，井底压力将等效传递至井口。

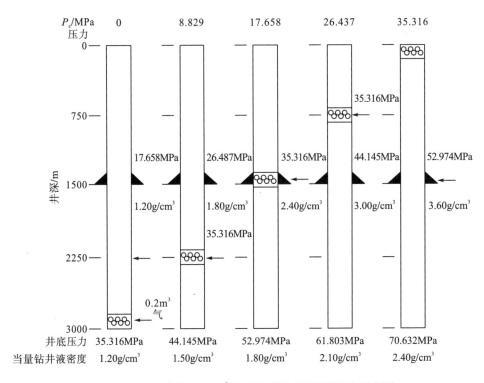

图 4.5-1 关井后 0.2m³ 气体上升同时不膨胀状态示意图

第5章　裂缝型定容体溢流压井方法

5.1　定容体分类

表 5.1-1 为裂缝型地层溢漏特性定性描述。定容体裂缝型储层的 3 种类型：孔隙型储层、裂缝型储层、缝洞型储层。定容体体积固定，除井底溢流出气口外，地层周围环境为封闭状态，随气侵时间推移，定容体体积不变，压力减小。定容体裂缝型储层的溢流特点：①通道较大，溢流初期出气量较大，压力衰减迅猛；②定容体与外部连通性差，频繁压井压力逐步升高，动力方面考虑裂缝张合具有弹性特点；③溢漏同存。

表 5.1-1　裂缝型地层溢漏特性定性描述

裂缝类型	裂缝型地层溢漏特性
孔隙型储层	仅在井底欠压差情况下存在溢流； 仅在井底正压差情况下存在漏失； 井底压差相等时，高、中、低渗 3 种储层的溢流或漏失速率依次递减
裂缝型储层	存在溢漏同存现象； 欠压差越大，溢流速率越大，漏失速率越小并逐渐趋近于零； 正压差越大，漏失速率越大，溢流速率越小并逐渐趋近于零； 溢漏同存强度与缝的开度有关
缝洞型储层	溢漏同存规律与裂缝型地层一致； 井底压差一定时，其漏失和溢流速率要比裂缝型地层大得多

3 种类型定容体的出气计算主要依靠裂缝宽度、渗透率和定容体大小，从结构类型上出气模型依靠类型系数调节（$V_{缝洞型} > V_{裂缝型} > V_{孔隙型}$，$V$ 为出气速率）。运用数值计算与实验相结合的方法，针对裂缝气藏出气规律、裂缝变形机理、三压力剖面等特征开展研究，分析了现有压井工艺的利弊。

定容体溢漏同存机理：钻遇定容体储层时气体在缝内的流动阻力较小，不仅发生气液置换，而且在压差作用下，裂缝下端钻井液向裂缝内漏失的同时，裂缝上端气体侵入井筒，因此，高压裂缝气容易发生溢漏同存。

井筒压力平衡准则：设计了裂缝地层漏失、溢流及溢漏同存等条件下井筒压力平衡准则，为控制溢漏地层的钻井液密度设计提供指导。表 5.1-2 为溢流发生准则。

表 5.1-2   溢流发生准则

钻井条件	准则	条件
漏失而不溢流的发生条件	$\begin{cases} P_A > P_B - \Delta P_{fw} + \Delta P_{fl} - (\rho_m - \rho_\sigma)gH \\ P_A < P_B - \Delta P_{fg} - \rho_\sigma \end{cases}$	发生置换的条件之一就是井筒压力与地层孔隙压力差值下限满足:$-\Delta P_{fg} - \Delta P_\sigma$
溢流而不漏失的发生条件	$\begin{cases} P_A > P_B - \Delta P_{fw} + \Delta P_{fl} - (\rho_m - \rho_\sigma)gH \\ P_A > P_B - \Delta P_{fg} - \rho_\sigma \end{cases}$	
溢漏同存的发生条件	$-\Delta P_{fw} + \Delta P_{fl} - (\rho_m - \rho_\sigma)gH < P_A - P_B < -\Delta P_{fg} - \Delta P_\sigma$	

注: P_A 为裂缝上端井筒压力, Pa; P_B 为裂缝上端地层压力, Pa; ΔP_σ 为气液界面张力引起的压差, Pa; ρ_m、ρ_σ 分别为钻井液密度、地层流体密度, kg/m³; ΔP_{fl} 为裂缝内液相流动阻力, Pa; ΔP_{fg} 为裂缝内气相流动压差, Pa; ΔP_{fw} 为井筒内液相流动压差, Pa; H 为裂缝高度, m。

5.1.1   定容体地层平均压力及溢流量耦合数学模型建立

以裂缝气定容体为研究单元,考虑定容体高度、定容体横截面积、初始地层压力、初始井底压力及初始溢流量等边界条件,提出了随溢流时间变化的定容体裂缝型地层平均压力数学模型。

通过该模型可以计算得到随时间变化地层平均压力的变化值,能够指导压井液密度设计、循环排气过程中的回压目标值加载等操作。

裂缝系统拟稳态-定出气量的解为

$$p_{Df} = \frac{2\pi t_{DA}}{\omega} + \frac{1}{2}\ln\frac{2.2458A}{C_A r_w^2} \tag{5.1-1}$$

式中,$t_{DA} = \frac{t_D}{A}r_w^2$,其中 t_D 为无因次时间; ω 为弹性储容比,无因次; A 为溢流面积,m²; C_A 为定容体形状因子,无因次; p_{Df} 为裂缝无因次压力; r_w 为考虑表皮系数的有效井筒半径,m。

利用拉普拉斯变换:

$$\bar{p}_{Df} = \frac{2\pi}{\omega s^2} + \frac{1}{2s}\ln\frac{2.2458A}{C_A r_w^2} \tag{5.1-2}$$

式中,$\bar{p}_{Df}$ 为拉普拉斯空间的裂缝无因次压力; s 为拉普拉斯变量。

q_D 和 p_D 在拉普拉斯空间中具有如下关系:

$$\bar{p}_D \bar{q}_D = \frac{1}{s^2} \tag{5.1-3}$$

式中,$\bar{p}_D$ 为拉普拉斯空间无因次压力; $\bar{q}_D$ 为拉普拉斯空间的无因次溢流量。

对式(5.1-2)、式(5.1-3)进行拉普拉斯逆变换,得

$$q_{Df} = \frac{2}{\ln\dfrac{2.2458A}{C_A r_w^2}} \exp\left(\frac{-4\pi r_w^2 t_D}{A\omega\ln\dfrac{2.2458A}{C_A r_w^2}}\right) \tag{5.1-4}$$

式中，q_{Df} 为裂缝无因次溢流量。

基质系统定井底流压生产的解：

$$q_{Dm} = \frac{\lambda}{2\pi}\left(\frac{A}{r_w^2} - \pi\right)\exp\left(\frac{-\lambda t_D}{1-\omega}\right) \tag{5.1-5}$$

式中，q_{Dm} 为基质溢流量递减直线段的无因次溢流量；λ 为窜流系数，无因次。

将式(5.1-4)两端取自然对数，可得一条斜率为 m_{Df}、截距为 b_{Df} 的直线：

$$m_{Df} = \frac{-4\pi r_w^2}{A\omega \ln\dfrac{2.2458A}{C_A r_w^2}} \tag{5.1-6}$$

式中，m_{Df} 为裂缝溢流量递减直线段的无因次斜率。

$$b_{Df} = \frac{2}{\ln\dfrac{2.2458A}{C_A r_w^2}} \tag{5.1-7}$$

式中，b_{Df} 为裂缝溢流量递减直线段的无因次截距。

将式(5.1-5)两端取自然对数，得一条斜率为 m_{Dm}、截距为 b_{Dm} 的直线：

$$m_{Dm} = \frac{-\lambda}{1-\omega} \tag{5.1-8}$$

式中，m_{Dm} 为基质溢流量递减直线段的无因次斜率。

$$b_{Dm} = \frac{\lambda}{2\pi}\left(\frac{A}{r_w^2} - \pi\right) \tag{5.1-9}$$

式中，b_{Dm} 为基质溢流量递减直线段的无因次截距。

由式(5.1-6)～式(5.1-9)，并假设 $A/\pi r_w^2 - 1 \approx A/\pi r_w^2$，则有

$$A = -2\pi r_w^2\left(\frac{b_{Df}}{m_{Df}} + \frac{b_{Dm}}{m_{Dm}}\right) \tag{5.1-10}$$

定义以下无因次量以估算天然裂缝型地层的部分参数：

$$m_D = 6.4\times10^5 m\frac{\left[(\phi C_t)_f + (\phi C_t)_m\right]\mu r_w^2}{K_f} \tag{5.1-11}$$

式中，m_D 为无因次斜率；m 为斜率，h^{-1}；ϕ 为空隙率；$(\phi C_t)_f$ 为裂缝储容，kPa；$(\phi C_t)_m$ 为定容体总储容，kPa；μ 为黏度，Pa·s；K_f 为裂缝渗透率，$10^{-3}\mu m^2$。

$$b_D = 44205\frac{b\mu B}{K_f h(p_i - p_{wf})} \tag{5.1-12}$$

式中，b_D 为无因次截距；b 为截距，m^3/h；B 为原油体积系数；h 为有效厚度，m；p_i 为原始地层压力，kPa；p_{wf} 为井底流压，kPa。

$$t_D = 3.599\times10^{-6}\frac{K_f t}{\left[(\phi C_t)_f + (\phi C_t)_m\right]\mu r_w^2} \tag{5.1-13}$$

式中，t 为时间，h；

在估算定容体平均压力前，还需确定弹性储容比、定容体总储容、定容体溢流波及面积。

1. 弹性储容比

由式(5.1-8)、式(5.1-9)可得弹性储容比：

$$\omega = 1 + \frac{2\pi r_w^2 b_{Dm}}{Am_{Dm}} \qquad (5.1\text{-}14)$$

由式(5.1-10)、式(5.1-14)以及 $\dfrac{\dfrac{b_{Df}}{m_{Df}}}{\dfrac{b_{Dm}}{m_{Dm}}} = \dfrac{\dfrac{b_f}{m_f}}{\dfrac{b_m}{m_m}}$ ，有

$$\omega = \frac{\dfrac{b_f}{m_f}}{\dfrac{b_f}{m_f} + \dfrac{b_m}{m_m}} \qquad (5.1\text{-}15)$$

式中，b_f 为基质溢流量递减直线段的无因次截距；b_m 为裂缝溢流量递减直线段的截距，m^3/h；m_f 为裂缝溢流量递减直线段的斜率，h^{-1}；m_m 为基质溢流量递减直线段的斜率，h^{-1}。

由式(5.1-15)即可确定弹性储容比。弹性储容比是裂缝弹性储存能力与系统总弹性储存能力的比值，即

$$\omega = \frac{(\phi C_t)_f}{(\phi C_t)_f + (\phi C_t)_m} \qquad (5.1\text{-}16)$$

因而，利用式(5.1-15)和式(5.1-16)可计算裂缝的弹性储容比，进而求取系统的总储容。

2. 定容体溢流波及面积

由式(5.1-11)、式(5.1-12)，对于基质有

$$\frac{b_{Dm}}{m_{Dm}} = 0.07 \frac{b_m B}{m_m} \frac{1}{\left[(\phi C_t)_m + (\phi C_t)_f\right] h r_w^2 (p_i - p_{wf})} \qquad (5.1\text{-}17)$$

对于裂缝有

$$\frac{b_{Df}}{m_{Df}} = 0.07 \frac{b_f B}{m_f} \frac{1}{\left[(\phi C_t)_m + (\phi C_t)_f\right] h r_w^2 (p_i - p_{wf})} \qquad (5.1\text{-}18)$$

利用式(5.1-10)、式(5.1-17)和式(5.1-18)，可准确估算定容体溢流波及面积：

$$A = -0.44 \frac{B}{h(p_i - p_{wf})} \left(\frac{b_f}{m_f} + \frac{b_m}{m_m}\right) \frac{1}{(\phi C_t)_m + (\phi C_t)_f} \qquad (5.1\text{-}19)$$

3. 定容体平均压力

封闭定容体拟稳定流阶段的压力表达式为

$$p_{wD} = \bar{p}_{rD} + \frac{1}{2}\ln\frac{2.2458A}{C_A r_w^2} \qquad (5.1\text{-}20)$$

式中，p_{wD} 为无因次井底流压。

$$\overline{p}_{rD} = \frac{K_f h}{44205 q \mu B}(p_i - \overline{p})$$ (5.1-21)

式中，$\overline{p}_{rD}$ 为无因次平均地层压力；q 为溢流量，m^3/h；$\overline{p}$ 为定容体平均压力，kPa。

当 $t_D > \omega(1-\omega)/\lambda$ 时，沃伦和鲁特（Warren 和 Root）提出的拟稳态段方程为

$$p_{wD} = \frac{2\pi t_D r_w^2}{A} + \frac{1}{2}\ln\frac{2.2458A}{C_A r_w^2} + \frac{2\pi(1-\omega)^2 r_w^2}{\lambda A}$$ (5.1-22)

由式(5.1-20)、式(5.1-22)，得

$$\overline{p}_{rD} = \frac{2\pi t_D r_w^2}{A} + \frac{2\pi(1-\omega)^2 r_w^2}{\lambda A}$$ (5.1-23)

利用式(5.1-23)可以估算定容体平均压力。需要注意的是，必须在出气量与时间关系曲线上选取符合条件 $t_D > \omega(1-\omega)/\lambda$ 的 q 值和 t 值。除此之外，还需要选取 q 基本达到稳定时的 q 值和 t 值。

5.1.2　定容体地层平均压力及溢流量求解步骤

定容体地层平均压力模型求解流程如图 5.1-1 所示。表 5.1-3 为记录的出气溢流量数据。定容体地层平均压力及溢流量求解步骤如下：①记录出气溢流量数据(时间 t 与溢流量的关系)；②计算得到弹性储容比；③计算裂缝储容和系统总储容；④计算溢流波及面积；⑤计算地层平均压力；⑥根据渗流公式预测未来出气量。

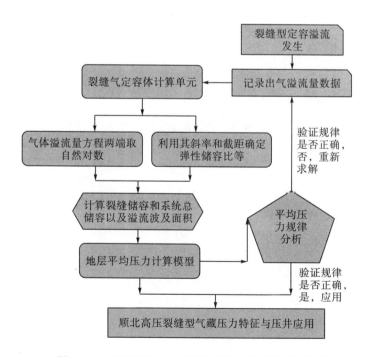

图 5.1-1　地层平均压力及溢流量耦合数学模型求解思路

表 5.1-3　记录的出气溢流量数据

溢流量/(m³/h)	时间/h	溢流量/(m³/h)	时间/h
4.903	0.48	1.060	6.48
4.505	0.72	0.828	8.16
4.108	0.96	0.696	9.60
3.578	1.44	0.583	12.00
3.114	1.92	0.523	16.80
2.385	2.88	0.504	21.60

5.1.3　基于现场录井数据的定容体体积估算方法

　　体积计算模型：基于玻意耳定律，提出了溢流发生过程中定容体体积计算数学模型，考虑的参数有立压、溢流量或者套压、溢流量录井参数。

　　图 5.1-2 为定容体体积估算流程图。计算步骤如下：结合玻意耳定律，在定量定温下，气体的体积与气体的压强成反比。将这个定容体地层看作定体积，同一深度温度恒定，体积满足玻意耳定律。考虑立压、溢流量、套压等录井参数的变化，结合井筒压力的变化，反推地层压力的变化。通过地层压力与体积变化的定容关系，计算定容体体积。

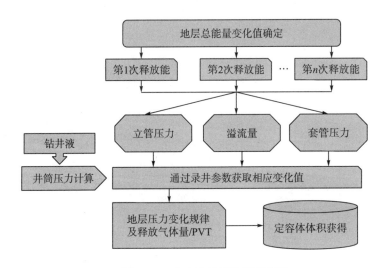

图 5.1-2　定容体体积估算流程图

1. SB53-2H 井第 1 次停泵释放地层能量

　　分 3 次放压释放地层能量，出口返液 7m³，继续使用密度为 1.75g/cm³ 的泥浆循环排污，排量为 9L/s，立压为 23MPa，套压为 4.04MPa，20min 后效返出，全烃值最高上涨至 3.2%，出口密度为 1.70～1.73g/cm³，液气分离器点火未成功。01：30 后效排完，循环排量为 9.5L/s，立压为 24MPa，套压为 3.50MPa，停泵放压释放地层能量。

2. SB53-2H 井第 2 次停泵+循环释放地层能量

分两次放压释放地层能量，出口返液 3m³，流速为 20min/m³，鉴于停泵出口敞放出液较慢，尝试节流阀全开，开泵循环释放地层能量。

继续使用密度为 1.75g/cm³ 的泥浆循环，排量为 9.5L/s，立压为 21MPa。继续循环至 5：30，罐面计量累计液面上涨 5m³，关节流阀控套压 3.5MPa，保持出口液面稳定。6：00 全烃值开始上涨至 2.25%，7：00 最高套压为 6.9MPa，7：05 液气分离器点火成功，火焰持续，火焰高度为 0.5～1m，12：26 火焰熄灭，点火期间出口有低密度(1.67～1.72g/cm³) 盐水混浆返出。

储层气体体积变化：定容体原有体积为 V_0，定容体原有压力为 P_0，井底溢流量为 ΔV(可以从井口反推井底溢流量)，储层压力变化为 ΔP (可以从井口回压、井筒静液柱压力反推)，可流动有效孔隙率为 0.01%。

表 5.1-4 为定容体体积估算结果。结果显示，SB111X 井定容体体积比 SB53-2H 井定容体体积小，SB53-2H 井出气量较平缓，这与出气量计算结果具有一致性。

表 5.1-4　定容体体积估算结果

井名	定容体体积/m³
SB111X 井	14600
SB53-2H 井	19271

5.2　SB 高压裂缝型气藏出气规律分析

5.2.1　SB111X 井奥陶系出气规律分析

图 5.2-1 为 SB111X 井井身结构。SB111X 井钻进至 7654m，节流循环并提升密度至 1.74g/cm³，关井后套压由 11.5MPa 逐步上升至 32.0MPa；压裂车平推压井，压井液密度为 2.2g/cm³。

表 5.2-1 为 SB111X 井计算基础数据。根据表中数据计算得出 SB111X 井奥陶系 7680.42m 裂缝型气藏气体溢流变化规律，如图 5.2-2 所示。随着定容体溢流发生，溢流量在初期递减迅速，随后很长时间基本保持稳定。

表 5.2-1　SB111X 井计算基础数据

名称	数值	名称	数值
地层压力	142MPa	基质孔隙率	10.96%
井底压力	135MPa	黏度	$1×10^{-3}$Pa·s
基于表皮系数的井筒半径	0.0757m	基质渗透率	$0.1×10^{-3}$μm²
表皮系数	-4.6	井底深度	7680.42m
裂缝初始渗透率	$0.147×10^{-3}$μm²	储层有效厚度	146.5m

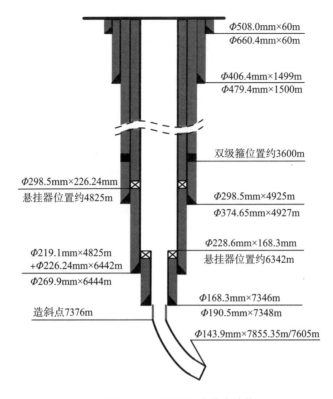

$\Phi508.0mm\times60m$

$\Phi660.4mm\times60m$

$\Phi406.4mm\times1499m$

$\Phi479.4mm\times1500m$

双级箍位置约3600m

$\Phi298.5mm\times226.24mm$

悬挂器位置约4825m

$\Phi298.5mm\times4925m$

$\Phi374.65mm\times4927m$

$\Phi228.6mm\times168.3mm$

悬挂器位置约6342m

$\Phi219.1mm\times4825m$

$+\Phi226.24mm\times6442m$

$\Phi269.9mm\times6444m$

造斜点7376m

$\Phi168.3mm\times7346m$

$\Phi190.5mm\times7348m$

$\Phi143.9mm\times7855.35m/7605m$

图 5.2-1　SB111X 井井身结构

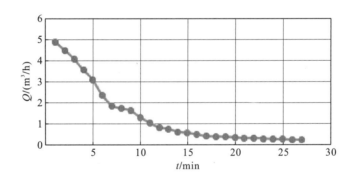

图 5.2-2　SB111X 井奥陶系 7680.42m 裂缝型气藏气体溢流变化规律

5.2.2　SB53-2H 井裂缝型气藏出气规律分析

图 5.2-3 为 SB53-2H 井井身结构。2021 年 8 月 7 日钻进至 8062.50m，悬重下降 20t，立压显示 25↑30MPa，出口流量上涨（录井仪器显示 16%↑48%），关井套压为 4MPa，关井立压为 5MPa，总溢流量为 6m³，1.78g/cm³ 钻井液密度压稳。

表 5.2-2 为 SB53-2H 井计算基础数据。根据表中数据计算得出 SB53-2H 井 8062.50m 裂缝型气藏气体溢流变化规律，如图 5.2-4 所示。随着定容体溢流发生，溢流量在初期递减迅速，15min 以后溢流量变化趋于平缓。

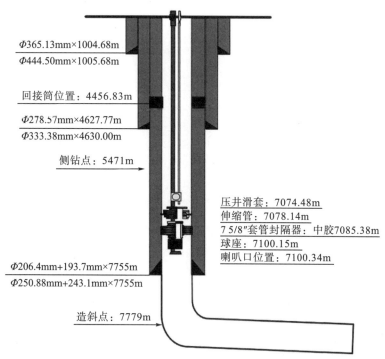

图 5.2-3　SB53-2H 井井身结构

表 5.2-2　SB53-2H 井计算基础数据

名称	数值	名称	数值
地层压力	144MPa	基质孔隙率	10.96%
井底压力	142MPa	黏度	$1\times10^{-3}Pa\cdot s$
基于表皮系数的井筒半径	0.0757m	基质渗透率	$0.2\times10^{-3}\mu m^2$
表皮系数	-4.6	井底深度	8062.50m
裂缝初始渗透率	$0.147\times10^{-3}\mu m^2$	储层有效厚度	150m

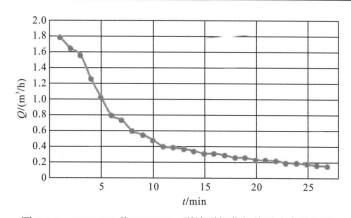

图 5.2-4　SB53-2H 井 8062.50m 裂缝型气藏气体溢流变化规律

5.3　溢流主控因素分析

5.3.1　裂缝型溢流主控因素分析

研究不同裂缝开度、裂缝长度、压差和渗透率对裂缝型溢流的影响，分析其溢流量和井底压力的变化趋势。

1. 裂缝开度对裂缝型溢流的影响

如图 5.3-1 所示，裂缝开度越大，等效渗透率越大，溢流速率越大，且井底压力降幅越大。由此可见，在钻遇开度较小的裂缝型地层时，气体溢流持续时间较长，溢流速率较小，有利于地面发现后采取措施。但在钻遇开度较大的裂缝、溶洞地层时，溢流将会在较短时间内结束，速率较大，可能地面尚未发现时就已结束，无法采取相应措施，并且随着大量气体向上运移、膨胀，可能产生严重的井涌甚至井喷，对井控安全造成巨大威胁。

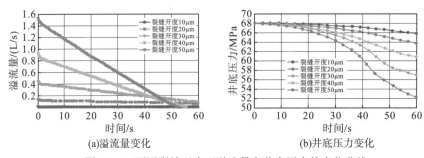

(a)溢流量变化　　　　　　　　　　　　(b)井底压力变化

图 5.3-1　不同裂缝开度下溢流量和井底压力的变化曲线

2. 裂缝长度对裂缝型溢流的影响

如图 5.3-2 所示，随着裂缝长度的增大，初始溢流量恒定。裂缝长度越大，裂缝内储存的气体量越多，井筒附近的气体流出后裂缝远端的气体能够及时补给，溢流速率衰减越慢，溢流持续时间就越长，但对井底压力的影响程度较小。如果溢流速率随时间增加下降程度很小，且持续时间较长，则表明裂缝长度很大。

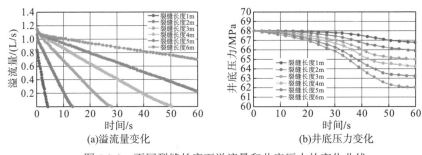

(a)溢流量变化　　　　　　　　　　　　(b)井底压力变化

图 5.3-2　不同裂缝长度下溢流量和井底压力的变化曲线

3. 压差对裂缝型溢流的影响

如图 5.3-3 所示，压差越大，同一时间段内压力衰减的幅度越大，流出的气体量越多。随着压差增大，溢流量逐渐增大，但增幅依次减小，满足高速二项式渗流规律。如果前期溢流速率非常大，同时下降得慢，且漏失持续时间长，则表明压差很大。

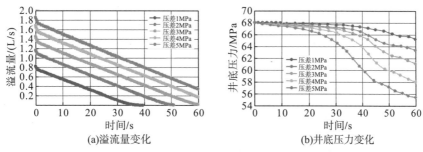

(a)溢流量变化　　　　　　(b)井底压力变化

图 5.3-3　不同压差下溢流量和井底压力的变化曲线

4. 渗透率对裂缝型溢流的影响

如图 5.3-4 所示，基质渗透率越大，基质向裂缝的溢流速率越大，裂缝中压力增加越快，前期溢流速率下降也越快。当基质渗透率比较大时，会在较长时间内保持一个相对较高的溢流速率，溢流结束也就越快。如果一段时间内溢流速率都保持一定，则说明裂缝的开度不大，但是由于基质的渗透率比较大，导致持续发生溢流。

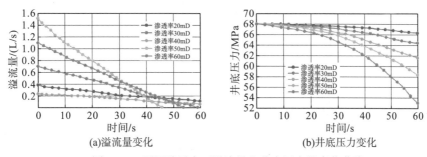

(a)溢流量变化　　　　　　(b)井底压力变化

图 5.3-4　不同渗透率下溢流量和井底压力的变化曲线

5.3.2　裂缝型漏失主控因素分析

研究不同裂缝开度、裂缝长度、压差和渗透率对裂缝型漏失的影响，分析其漏失量和井底压力的变化趋势。

1. 裂缝开度对裂缝型漏失的影响

如图 5.3-5 所示，裂缝宽度越大，初始漏失空间越大，造成初始段漏失量越大，漏失初期出现较大漏失速率峰值，随后迅速降低。裂缝开度越大，漏失速率越大，井底压力降幅越大，裂缝空间很快充满钻井液，漏失结束得更快。如果前期漏失速率非常大，但一段时间后快速下降，则表明裂缝开度很大。

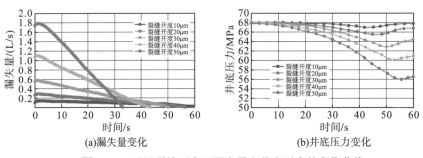

图 5.3-5　不同裂缝开度下漏失量和井底压力的变化曲线

2. 裂缝长度对裂缝型漏失的影响

如图 5.3-6 所示，当裂缝长度增大时，初始漏失量恒定，对漏失速率的影响不显著，但裂缝空间越大，能够填充的钻井液量越多，漏失持续时间就越长，随着漏失时间延长，累积漏失量随裂缝延伸长度的增加而增大。如果漏失速率随时间增加下降程度很小，且持续时间较长，则表明裂缝长度很大。

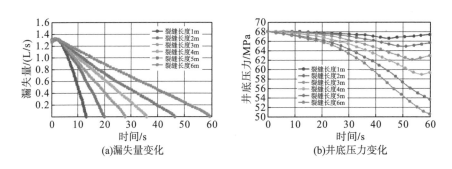

图 5.3-6　不同裂缝长度下漏失量和井底压力的变化曲线

3. 压差对裂缝型漏失的影响

如图 5.3-7 所示，当井底压差增大时，钻井液漏失速率明显变大。井底压差是钻井液漏失的主要驱动力，井底压差越大，钻井液漏失问题越严重。如果前期漏失速率非常大，同时下降得慢，且漏失持续时间长，表明压差很大。

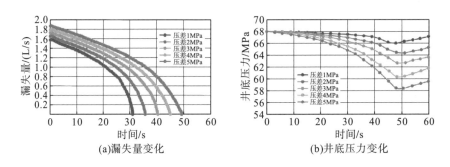

图 5.3-7　不同压差下漏失量和井底压力的变化曲线

4. 渗透率对裂缝型漏失的影响

如图 5.3-8 所示，渗透率越高，钻井液漏失速率越高，且增大了地层填充钻井液的空间，累计漏失量越大。在漏失初始阶段，漏失速率快速下降，随着漏失的进行，钻井液在裂缝面逐渐形成泥饼，造成钻井液漏失速率逐渐降低。如果一段时间内钻井液漏失速率都保持一定，则说明裂缝的开度不大，但是由于基质的渗透率比较大，导致钻井液持续漏失。

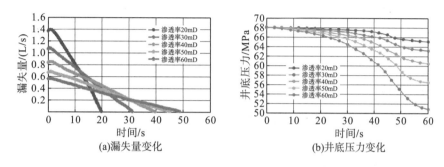

图 5.3-8   不同渗透率下漏失量和井底压力的变化曲线

5.4   钻井溢流特征与典型储层特性关联关系

前述溢漏主控因素(裂缝开度、裂缝长度、压差和渗透率)的分析阐明了单因素对溢漏规律的影响，但在实际现场中需综合考虑多个因素对溢漏的影响。因此，考虑到溢漏主控因素之间的交互作用，进行多因素多水平正交试验设计，根据正交性从全面试验中挑选出部分有代表性的点进行试验，这些有代表性的点具备均匀分散、齐整可比的特点。通过正交试验进一步确定裂缝开度、裂缝长度、压差和渗透率 4 个因素对溢漏的影响程度。

5.4.1   溢漏敏感因素正交试验设计

为了研究裂缝开度、裂缝长度、压差和渗透率对钻井溢漏量的影响，本次设计四因素三水平的正交试验(表 5.4-1)。具体试验方案设计见表 5.4-2，共需做 9 组试验，分别研究各因素对溢流量和漏失量的影响。

表 5.4-1   试验因素与水平表 $L_9(3^4)$

水平	试验因素			
	裂缝开度/μm	裂缝长度/m	压差/MPa	渗透率/mD
1	10	1	1	20
2	20	2	2	30
3	30	3	3	40

表 5.4-2　正交试验方案设计

试验号	裂缝开度/μm	裂缝长度/m	压差/MPa	渗透率/mD
1	10	1	1	20
2	10	2	2	30
3	10	3	3	40
4	20	1	2	40
5	20	2	3	20
6	20	3	1	30
7	30	1	3	30
8	30	2	1	40
9	30	3	2	20

5.4.2　溢漏敏感因素正交试验结果分析

对裂缝开度、裂缝长度、压差和渗透率进行极差分析发现：①溢流敏感因素影响次序为压差＞裂缝开度＞裂缝长度＞渗透率；②漏失敏感因素影响次序为压差＞裂缝开度＞渗透率＞裂缝长度(表 5.4-3)。由表 5.4-3 可知，裂缝长度和渗透率的极差分析值均在 1 以下，表明这两个因素对钻井溢流量的影响很小，主要影响因素为压差和裂缝开度，其中压差对溢漏量的影响程度最高。

表 5.4-3　正交试验结果

设计/分析	试验号/指标	因素 A	因素 B	因素 C	因素 D	试验结果	
		裂缝开度/μm	裂缝长度/m	压差/MPa	渗透率/mD	溢流量/m³	漏失量/m³
试验设计	1	10	1	1	20	3.48	2.93
	2	10	2	2	30	5.15	4.42
	3	10	3	3	40	7.57	7.26
	4	20	1	2	40	5.94	4.69
	5	20	2	3	20	7.62	6.27
	6	20	3	1	30	5.36	3.45
	7	30	1	3	30	9.58	7.39
	8	30	2	1	40	4.59	5.92
	9	30	3	2	20	6.32	6.03
溢流结果分析	K_1	16.20	19.00	13.43	17.42		
	K_2	18.92	17.36	17.41	20.09		
	K_3	20.49	19.25	24.77	18.1		
	k_1	5.40	6.33	4.48	5.81		
	k_2	6.31	5.787	5.80	6.70		
	k_3	6.83	6.42	8.26	6.03		
	R	1.43	0.63	2.45	0.23		
	影响次序			C、A、B、D			

续表

设计/分析	试验号/指标	因素 A	因素 B	因素 C	因素 D	试验结果	
		裂缝开度/μm	裂缝长度/m	压差/MPa	渗透率/mD	溢流量/m³	漏失量/m³
漏失结果分析	K_1	14.61	15.01	12.30	15.23		
	K_2	14.41	16.61	15.14	15.26		
	K_3	19.34	16.74	20.92	17.87		
	k_1	4.87	5.00	4.10	5.08		
	k_2	4.80	5.54	5.05	5.09		
	k_3	6.45	5.58	6.97	5.96		
	R	1.58	0.04	1.93	0.88		
	影响次序	C、A、D、B					

注：K_i 为任意列上水平号为 i 时的和；k_i 为 $K_i/3$；R 为极差。

试验因素与溢漏量指标趋势如图 5.4-1 所示。结合表 5.4-3，溢流量的影响较优水平为 $A_3B_1C_3D_2$，即当裂缝开度为 30μm、裂缝长度为 1m、压差为 3MPa、渗透率为 30mD 时，溢流量达到本次正交试验设计中的最大值；漏失量影响较优水平为 $A_3B_1C_3D_2$，与溢流量影响水平一致。但在趋势图中可以看出，四因素中除压差和裂缝开度对溢漏量的影响程度一致外，裂缝长度和渗透率对溢漏量的影响程度不同，其中，裂缝长度对溢流量的影响程度较高，其次是渗透率，而对漏失量的影响次序则相反。在溢流过程中，裂缝长度越长，裂缝内储存空间越大，溢流量越多，持续发生溢流；而在漏失过程中，当裂缝内充满钻井液后，地层渗透率越高，就会发生持续漏失。

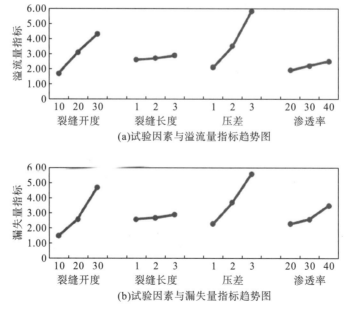

图 5.4-1　试验因素与溢漏量指标趋势图

5.5   循环排气井筒压力分析

5.5.1   SB111X 井与 SB53-2H 井循环排气井筒压力分析

表 5.5-1 为 SB111X 井与 SB53-2H 井井筒压力数据比较，图 5.5-1 为 SB111X 井与 SB53-2H 井平均密度反演曲线，图 5.5-2 为 SB111X 井与 SB53-2H 井井筒压力反演曲线。SB111X 井地层平均压力高，这是由于 SB111X 井定容体体积较大造成的，出气开始较为迅猛，导致井筒平均密度变化较大。由于 SB111X 井出气量较大，环空钻井液气侵污染较大，平均密度在井底处的变化大于 SB53-2H 井，SB111X 井井底压力减小程度较大，两井对比，压力差高达 22.4MPa。

表 5.5-1   SB111X 井与 SB53-2H 井井筒压力数据比较

井深/m	SB111X 井井筒压力/MPa	SB53-2H 井井筒压力/MPa
0	0.201	0.201
50	0.420	0.244
100	0.782	0.293
150	1.281	0.349
200	1.884	0.413
250	2.555	0.485
300	3.271	0.567
350	4.017	0.661
400	4.784	0.766
450	5.572	0.886

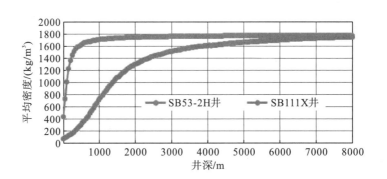

图 5.5-1   SB111X 井与 SB53-2H 井平均密度反演曲线

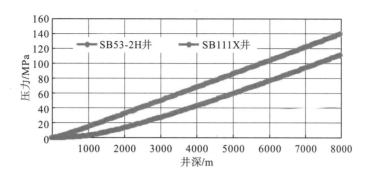

图 5.5-2　SB111X 井与 SB53-2H 井井筒压力反演曲线

5.5.2　SB111X 井与 SB53-2H 井循环排气流型分析

图 5.5-3 为 SB111X 井与 SB53-2H 井流型反演和空隙率反演曲线。可以看出，段塞流态 SB111X 井比 SB53-2H 井高，即气侵更严重。

由此分析：①SB53-2H 井 $H \leqslant 450$m 段为段塞流，空隙率变化急剧增大，$H > 450$m 时环空气体均呈现泡状流型态；②SB111X 井 $H \leqslant 4050$m 段为段塞流，空隙率变化急剧增大，$H > 4050$m 时环空气体均呈现泡状流型态。

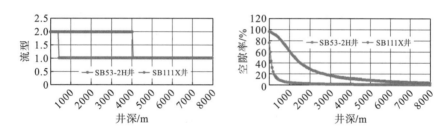

图 5.5-3　SB111X 井与 SB53-2H 井流型反演和空隙率反演曲线

5.6　基于多相波动压力的控压钻井安全下钻目标回压控制方法

起下钻作业时，环空流体控制数学模型为

$$p_b = p_{ma} + \Delta p_{fa} + \Delta p_{aa} + \Delta p_{ap} + \Delta p_{sg} \tag{5.6-1}$$

式中，Δp_{ap} 为井口目标回压，MPa；p_b 为井底压力，MPa；p_{ma} 为环空多相压力，MPa；Δp_{fa} 为环空压耗，MPa；Δp_{aa} 为环空加速度压降，MPa；Δp_{sg} 为下钻多相激动压力，MPa。

整理上式可得到控压钻井安全下钻目标回压控制数学模型：

$$\Delta p_{ap} = p_b - p_{ma} - p_a - \Delta p_{fa} - \Delta p_{aa} - \Delta p_{sg} \tag{5.6-2}$$

式中，p_a 为环空循环摩阻，MPa。

满足式(5.6-2)的同时，井口回压的确定要满足地层压力窗口，即满足如下约束条件：

$$\text{Max}(p_p, p_{cp}) \leqslant p_b \leqslant \text{Min}(p_f, p_{leak}) \tag{5.6-3}$$

式中，p_f 为地层破裂压力，MPa；p_{leak} 为地层漏失压力，MPa；p_p 为地层孔隙压力，MPa；p_{cp} 为地层坍塌压力，MPa。

　　图 5.6-1 为实测波动压力数据与本书模型计算波动压力数据对比。以川渝地区现场控压井为例，对本书提出的下钻回压控制方法进行验证，结果具有一致性。由于近年来均未发现开展全尺寸井波动压力实测试验，本书采用 1992 年郝俊芳的油管波动压力测试结果，在模型输入数据与文献测试条件一致的情况下(文献采用 8.5 寸内径的管体，测试井深为 3273.75m，流体平均密度为 0.87g/cm^3，流性指数为 0.725，测试时间为 40s，井口压力为 0.101MPa 等关键参数)，结合本书建立的波动压力数学模型，将编程计算得到的波动压力与实测数据[20,21]进行了对比，最大误差不大于 5%，采用 Burkhardt 稳态波动压力计算结果，误差最大为 56%。

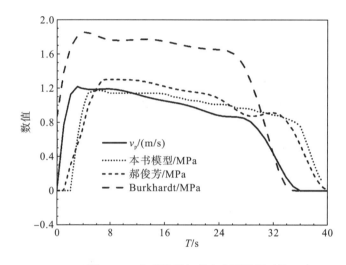

图 5.6-1　本书模型与前人实测数据对比

　　以川渝地区彭州 113 井为例，井深 4000m 时下钻作业，井径为 0.2145m，钻井液运动黏度为 0.056Pa·s，钻井液密度为 1460kg/m^3，井底气侵量为 2.215m^3/h，气体相对密度为 0.65，气体黏度为 1.14×10^{-5}Pa·s，钻杆弹性模量为 2.07×1011Pa，钻杆泊松比为 0.3，钻杆粗糙度为 1.54×10^{-7}m，钻杆长度为 2500m，钻柱组合为 Φ215.9mm+Φ177.8mm 钻铤(内径为 78mm)×200m+Φ127mm 钻杆(内径为 108.6mm)。本计算实例假定井口原稳态回压为 6MPa，井底有效压力处于平衡状态，下面算例均是根据初始井口稳态回压(6MPa)计算实时井口回压。

　　图 5.6-2 为下钻速度及流体运动参数变化规律，将下钻速度描述为加速—减速的过程，取得下钻速度若干个速度点，利用三次样条函数对离散点进行平滑，得到如图 5.6-2 所示的平滑曲线。将下钻速度作为求取井底波动压力的边界条件，流体运动速度与下钻速度呈现相反趋势，加速度满足 3 个区间：$a>0$，$a=0$，$a<0$，当加速度 $a=0$ 时，下钻速度达到最大峰值。

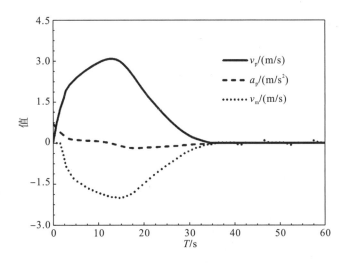

图 5.6-2　控压钻井下钻速度及加速度曲线

　　图 5.6-3 为气侵量对控压钻井井口回压的影响。随着气侵量的增大，井底波动压力呈现减小趋势，井口回压呈现增大趋势。随着下钻速度的增大，井口回压呈现减小趋势。由于气侵量的增大，会加速井口钻井液的流出，环空气体膨胀占据了钻井液相的体积，静液柱压力降低，井底压力减小。气侵量为 0m³/h 时与气侵量为 8.236m³/h 时比较，井口回压最低峰值由 3.05MPa 增至 4.81MPa，增大幅度为 57.70%，气侵量的变化对井口回压的控制影响较大。为了使井底压力有效平衡地层压力，需要增大回压以增大井底有效压力，在2s 左右井口回压为 6MPa，随着下钻时间的增加，井底激动压力增大，使得井口压力减小，当下钻 30s 时，下钻速度趋于 0m/s，40s 以后回压波动不大，保持初始 6MPa 的稳定状态。

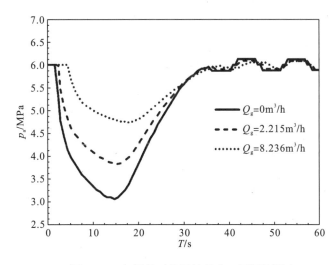

图 5.6-3　气侵量对控压钻井井口回压的影响

　　图 5.6-4 为钻杆长度对控压钻井井口回压的影响。随着钻杆长度的增加，井底波动压力呈现增大趋势，井口回压减小趋势增大。钻杆长度的增加，使钻井液排出井口的液量增

加，在相同时间内，波动压力会增大，从而使井口回压最小峰值更小，可满足井底恒压的状态，使井底有效压力保持恒定。如果不考虑下钻激动压力的增大，则容易造成井漏复杂，尤其在窄密度窗口，考虑下钻过程中带来的激动压力，可以预防井漏发生。

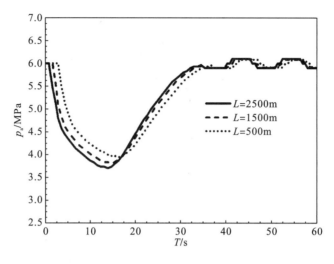

图 5.6-4　钻杆长度对控压钻井井口回压的影响

图 5.6-5 为井径对控压钻井井口回压的影响。随着井眼直径的增大，井底波动压力呈现减小的趋势，井口回压呈现增大的趋势。井径 0.2540m 同井径 0.1778m 比较，最低回压控制峰值从 3.93MPa 降低至 3.74MPa，降低 4.83%，井径的变化对波动压力影响不大，这是由于钻井井筒长径比的特殊结构决定的，长径比特别大，环空横截面的减小，影响钻杆替代钻井液的量不大，从而导致环空波动压力变化不大，因此井口回压受井径的影响变化不明显。

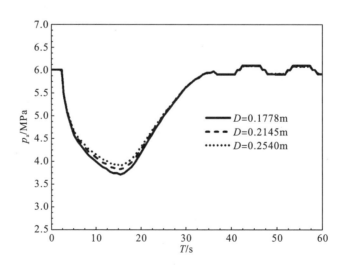

图 5.6-5　井径对控压钻井井口回压的影响

　　图 5.6-6 为下钻速度对控压钻井井口回压的影响。随着下钻速度的增加，环空波动压力呈现增大的趋势，井口回压呈现减小的趋势。模拟了两组不同下钻速度，由于现场中下钻不完全遵循加速—减速的模式，为了更贴近现场下钻操作，结合三次样条平滑离散下钻点的方法，模拟了加速—减速—加速—减速的过程，随着下钻速度的增加，波动压力呈现增大的趋势。第 2 组下钻速度最大峰值(2.80m/s)同第 1 组峰值(3.85m/s)比较，下钻速度最大峰值增大 1.05m/s，井口回压从 4.49MPa 减小至 3.97MPa，减小幅度为 11.58%，环空波动压力受到下钻速度的影响较大。

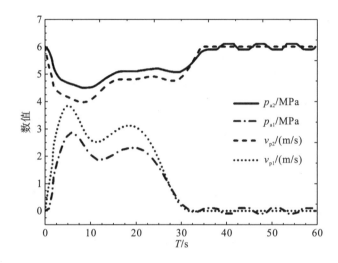

图 5.6-6　下钻速度对控压钻井井口回压的影响

第6章 压井方法优选

6.1 压井主要影响因素

根据压井实践经验，以及相关压井井例分析，影响压井的因素有地层条件、井口情况、井筒情况及工况情况等。为实现计算机编程，设置的压井影响因素代码对照表见表 6.1-1，压井条件代码列表见表 6.1-2。

表 6.1-1 压井影响因素对照表

分类代码	压井影响因素	分类代码	压井影响因素
T1	地层条件	T3	井筒情况
T2	井口情况	T4	工况情况

表 6.1-2 压井条件代码列表

代码	压井条件	分类	代码	压井条件	分类
X1	地层压力不清楚	T1	X20	断裂位置较高	T3
X2	压力窗口较窄		X21	作业过程中管柱断裂	
X3	只有一个产层		X22	井内有螺杆、涡轮等工具	
X4	产层渗透性好		X23	复合钻具结构	
X5	地层含硫化氢		X24	管柱变形	
X6	井筒内液柱压力系统井漏		X25	井内管柱水眼堵塞	
X7	井筒需要堵漏		X26	裸眼井段短	
X8	不能确定压井液密度		X27	套管下入较深	
X9	压井中途发现防喷管线压力表误差大	T2	X28	不能建立循环	T4
X10	主控管线压力表几乎失灵		X29	压井液不能到达井底	
X11	无法实现压力控制		X30	产层下面有漏失层	
X12	施工泵压高		X31	采用常规方法压井失败	
X13	井口压力超过套管抗内压强度		X32	井下又喷又漏找不到平衡点	
X14	井口装置额定工作压力		X33	压力高、气量大，泥浆雾化严重	
X15	地面参与循环管线压力等级受限		X34	空井条件下发生气体溢流或井喷	
X16	满足不了施工大排量下最高压力需要		X35	堵漏作业无法实现的井	
X17	井内没有管柱	T3	X36	循环阻力大	
X18	管柱不在井底		X37	压井井筒内气侵等原因情况不清	
X19	因各种原因继续下钻有困难		X38	井漏情况不清	

压井时还应关注如下几个方面。

(1)井身结构：套管承压能力、套管和钻头尺寸大小、裸眼井段长度、裸眼井段地层压力系统、裸眼井段地层破裂压力；钻头所在位置、井内钻具长度和结构。

(2)溢流类型：根据溢流判断流体是石油、天然气、水等。

(3)关井压力：关井立压和套压值、溢流量值。

(4)地层岩性情况：砂岩、孔隙性、裂缝性、致密性。泥页岩油气、煤层油气、火山岩、火山岩风化壳不整合面；尤其是火成岩、碳酸盐岩储层。针孔状、礁滩相、裂缝破碎带、溶洞型油气藏等。

(5)油气层流体情况：高产、高压、高含硫化氢、高温。

(6)井控装备和内防喷工具：井控设备系统(含套管头)的承压能力、抗冲蚀能力和腐蚀能力，内防喷工具的好坏与开关情况。

(7)地面注入装备：泥浆泵、钻井液循环系统、高压软管、水龙头(顶驱)、压裂车等关键设备。

(8)压井钻井液：钻井液储备量、密度、黏度等性能指标。

6.2　压井方法的选择

6.2.1　建立熵权压井优选方法

压井方法的选择受工程技术人员压井经验影响较大，压井方法的选择正确与否，直接关系到压井的成败[22]。本书通过建立的熵权法优选压井方法，编制了相应的计算机优选模块，实现了压井工程师输入压井工况，计算机自动优选压井方法，解决了压井方法选择不得当的难题。

熵权法根据各压井条件来确定指标的权重，考虑压井条件因素在指标体系中的作用，有效地降低了人为主观因素的干扰，从压井条件因素各等级因素采集数据入手，充分利用数据信息的变化，客观地得出等级因素的权重，根据每层选取的等级因素，构造 n 个样本 n 个评估指标的判断矩阵：

$$\boldsymbol{X} = (x_{ij})_{nm} = \begin{bmatrix} x_{11} & x_{12} & \cdots & x_{1m} \\ x_{21} & x_{22} & \cdots & x_{2m} \\ \vdots & \vdots & & \vdots \\ x_{n1} & x_{n2} & \cdots & x_{nm} \end{bmatrix} \tag{6.2-1}$$

对判断矩阵 $\boldsymbol{X}$ 进行归一化处理，得到归一化判断矩阵：

$$\boldsymbol{Y} = (y_{ij})_{nm} = \begin{bmatrix} y_{11} & y_{12} & \cdots & y_{1m} \\ y_{21} & y_{22} & \cdots & y_{2m} \\ \vdots & \vdots & & \vdots \\ y_{n1} & y_{n2} & \cdots & y_{nm} \end{bmatrix} \tag{6.2-2}$$

其中，对于分值越大越好的指标按下式计算：

$$y_{ij} = \frac{x_{ij} - x_{\min}}{x_{\max} - x_{\min}} \tag{6.2-3}$$

对于分值越小越好的指标按下式计算：

$$y_{ij} = \frac{x_{\max} - x_{ij}}{x_{\max} - x_{\min}} \tag{6.2-4}$$

计算第 j 个评估指标的熵：

$$H_j = -\frac{1}{\ln n}\left(\sum_{i=1}^{n} f_{ij} \ln f_{ij}\right) \tag{6.2-5}$$

其中，

$$f_{ij} = \frac{1 + y_{ij}}{\sum_{i=1}^{n}(1 + y_{ij})} \tag{6.2-6}$$

得出第 j 个评估指标的熵后，可计算第 j 个评估指标的熵权系数：

$$w_j = \frac{1 - H_j}{m - \sum_{j=1}^{m} H_j} \tag{6.2-7}$$

式中，$\sum_{j=1}^{m} w_j = 1$，$0 \leqslant w_j \leqslant 1$；用 $\boldsymbol{W}_{熵} = (w_j)_{1 \times m}$ 表示等级因素的熵权系数矩阵。

采用熵权法分别计算下一层诸因素对上一层因素的权重，确定综合权重：

$$\boldsymbol{W} = \alpha \boldsymbol{W}_{\mathrm{AHP}} + (1 - \alpha)\boldsymbol{W}_{熵} \tag{6.2-8}$$

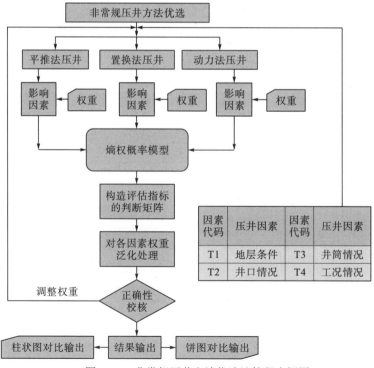

图 6.2-1　非常规压井方法优选计算程序框图

式中，α 是权重折中系数，α 越大，表示层次分析法(analytic hierarchy process，AHP)确定的权重对综合权重的影响越大；反之，则表示熵权法确定的权重对综合权重的影响越小。通过 α 的变化来适应不同评价场合的需要，从而使 AHP+熵权法确定权重的方法具有很好的适应性。图 6.2-1 为非常规压井方法优选计算程序框图。

6.2.2　压井方法优选程序编制

根据建立的熵权法矩阵，将压井条件分为地层条件、井口情况、井筒情况及工况情况四大类，将影响压井方法选择的因素分为 38 种，经过归一化、等级因素的熵权系数矩阵、结合相应权重，研发了熵权法优选压井方法软件模块，图 6.2-2 所示为熵权法优选压井方法程序界面。

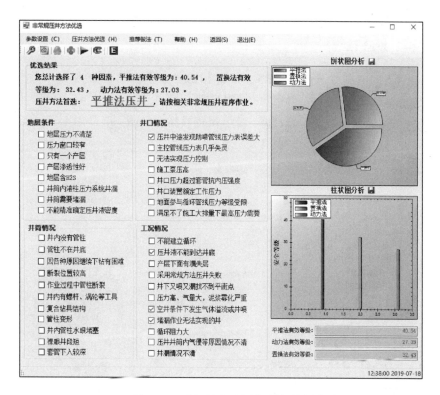

图 6.2-2　熵权法优选压井方法程序界面

6.2.3　压井优选方法验证

开展了都深 1 井(平推法压井)、SB5-3 井(平推法压井)及河坝 1 井(置换法压井)3 口井的现场验证研究，优选概况见表 6.2-1。

表 6.2-1　非常规压井方法优选案例

井例	优选条件	软件优选等级结果	软件优选最终结果	现场验证
SB5-3 井	①地层渗透性较好； ②井筒严重井漏； ③井下喷漏找不到平衡点； ④压力窗口较窄	平推法压井：66.667 置换法压井：16.667 动力法压井：16.667	平推法	压井成功
都深 1 井	①地层渗透性好； ②压力窗口较窄； ③井筒严重井漏； ④不能准确确定压井液密度； ⑤套管下入较深； ⑥循环阻力大	平推法压井：57.047 置换法压井：16.107 动力法压井：26.846	平推法	压井成功
河坝 1 井	①井筒气侵原因不清； ②地层压力高； ③气量大，泥浆雾化严重； ④不能建立循环； ⑤继续下钻有困难	置换法压井：45.000 平推法压井：32.500 动力法压井：22.500	置换法	压井成功

1. SB5-3 井验证

图 6.2-3 为 SB5-3 井优选结果。SB5-3 井于 2018 年 3 月 17 日 2:49 钻进至井深 7384.09m 时发生失返性漏失，降密度至 $1.35g/cm^3$ 发生溢流，通过 $1.45g/cm^3$ 节流循环，出口密度为 $1.00 \sim 1.22g/cm^3$，火焰高度为 $3 \sim 15m$，由于是定容体油气藏，最后用 $1.85g/cm^3$ 平推法压

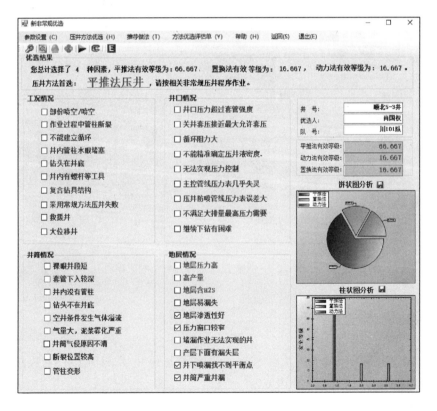

图 6.2-3　SB5-3 井优选结果

井成功。根据 SB5-3 井的压井条件，归纳其工况如下：地层渗透性较好；井筒严重井漏；井下喷漏找不到平衡点；压力窗口较窄。经过软件模拟分析，平推法压井有效等级为 66.667，置换法压井有效等级为 16.667，动力法压井有效等级为 16.667，实际选用 1.85g/cm³ 平推压井成功。

2. 都深 1 井验证

根据都深 1 井的压井条件，归纳其工况如下：地层渗透性好；压力窗口较窄；井筒严重井漏；不能准确确定压井液密度；套管下入较深；循环阻力大。

图 6.2-4 为都深 1 井优选结果。经过软件模拟分析，平推法压井有效等级为 57.047，动力法压井有效等级为 26.846，置换法压井有效等级为 16.107，因此首先推荐平推法压井，实际选用正注与反推同时进行，9：25 逐步提 3#泵排量至 80 冲(20L/s)，套压上升至最高 22MPa，9：30 套压上升至最高 23MPa，11：05 反推压井液至井底(132m³)，11：25 开始降低反推排量，11：33 降排量至 24 冲，套压降为 0，11：34 两台泵停泵，套压为 0，立压维持在 1.6MPa，通过立管泄压为 0，压井成功。

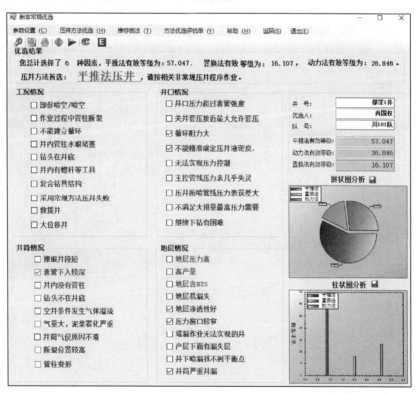

图 6.2-4　都深 1 井优选结果

3. 河坝 1 井验证

根据河坝 1 井的压井条件，归纳其工况如下：井筒气侵原因不清；地层压力高；气量大，泥浆雾化严重；不能建立循环；继续下钻有困难。

图 6.2-5 为河坝 1 井优选结果。经过软件模拟分析，置换法压井有效等级为 45.000，动力法压井有效等级为 22.500，平推法压井有效等级为 32.500，因此首先推荐置换法压井。实际压井方法为置换法压井，采取正注泥浆，套压由 16.0MPa 逐渐降至 4.0MPa，放出气量很少。20：00 至次日 6：00 控制套压在 5.0MPa 以内，观察，测量出口泥浆密度为 2.39g/cm^3，从压井开始共向井内注入泥浆 145m^3。循环泥浆排气阶段。6：00～11：00，用节流阀控制套压为 2～3MPa，循环排量为 0.35～0.50m^3/min，通过泥气分离器，放喷口火焰高度为 0.5～1.0m，逐渐熄灭，压井成功，排除险情。

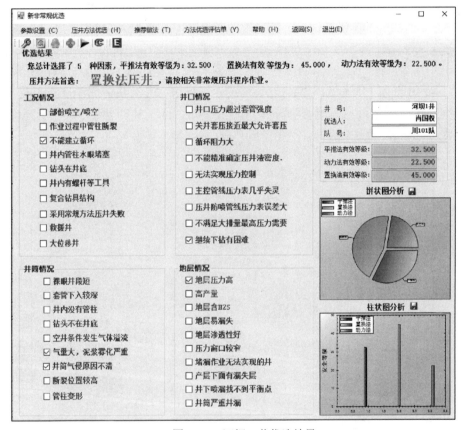

图 6.2-5 河坝 1 井优选结果

6.3 现有压井工艺利弊分析

6.3.1 压井案例调研统计

通过搜集与分析国内共 30 口油气井压井资料，发现目前我国发生溢流压井的油气井主要在西南和西北地区两个地区。其中，20 口井采用了非常规压井方法(主要有平推法、置换法和动力法)，10 口采用了常规压井方法(司钻法和工程师法)，各井压井方法调研见表 6.3-1。

表 6.3-1　压井方法调研表

序号	井号	压井方法	压井结果
1	渡 1 井	平推法	平推法压井成功
2	新 851 井	平推法	平推法压井成功，水泥浆封井
3	顺南 5 井	平推法	压井成功，钻具遇卡
4	顺托 1 井	平推法	受套管最大抗内压强度限制，平推法压井、正循环压井不成功，后高套压放喷安装采油树转入风险管控
5	顺北 3 井	平推法	第一二次节流循环压井成功，第三次节流循环法压井未成功，平推法压井成功，但钻具遇卡
6	哈 7-H21 井	平推法	平推法压井+正循环压井成功
7	克深 133 井	平推法	盐水溢流，环空平推法压井失败，后正循环压井成功
8	罗家 16H 井	平推法	压井成功
9	都深 1 井	平推法	前三次正循环压井失败。第四次平推堵漏压井，压井成功，但卡钻
10	泰来 2 井	平推法	置换法压井、节流循环压井均未成功，平推法压井成功
11	绵阳 2 井	置换法	压井成功
12	河坝 1 井	置换法	压井成功
13	元陆 5 井	置换法	正循环压井+置换压井+水泥塞封堵
14	拐 6 井	置换法	正循环压井不成功，平推压井不彻底，泄压过程中引发油气闪爆，后采用置换法压井成功
15	中古 70 井	置换法	压井成功
16	龙岗 001-8 井	置换法	压井失败
17	大北 202 井	置换法	压井成功
18	清溪 1 井	动力法	动力法压井+水泥浆挤堵
19	川丰 175 井	动力法	抢险后清水正循环压井成功
20	罗家 2 井	动力法	"特种凝胶+快凝水泥"堵漏压井成功
21	迪那 2 井	司钻法	正循环节流压井，手动节流阀在高压条件下憋脱，使节流管汇高低压串通，导致软管憋爆，钻机烧毁
22	元陆 3 井	司钻法	环空垮塌封住
23	金深 1 井	工程师法	压井成功
24	鸭深 1 井	工程师法	压井成功
25	新深 1 井	工程师法	压井成功
26	彭州 115 井	工程师法	压井成功
27	马深 1 井	工程师法	压井成功
28	新 2 井	工程师法	压井成功
29	中探 1 井	工程师法	压井成功
30	毛坝 4 井	工程师法	压井成功

通过资料分析发现，30 口井发生溢流井喷后压井处置，有 10 口井采用平推法压井，有 7 口井采用置换法压井，有 3 口井采用动力法压井，还有 10 口井采用常规方法压井。采用非常规方法压井，使用最多的是平推法压井，占比 50%，成功率 80%；其次是置换法压井，其占比 35%，成功率为 85.71%；而动力法压井占比 15%，成功率为 100%，常规的司钻法压井，在恶性溢流井喷条件下，成功的概率为 0，失败的概率为 100%。因此，应对恶性井喷宜选用非常规压井方法，在井筒条件允许的情况下，优先采用平推法压井，其次是采用置换法压井，再次是采用动力法压井，恶性井喷事故处置，采用常规的压井方法(司钻法、工程师法)应十分谨慎，否则有机毁人亡的严重后果。现场非常规压井方法效果统计结果见表 6.3-2。

表 6.3-2　现场非常规压井方法效果统计表

序号	压井方法	成功数量	失败数量	备注
1	平推法	8	2	4 口井压井成功后卡钻
2	置换法	6	1	1 口井失败, 1 口井水泥封堵
3	动力法	3	0	1 口井水泥封堵
4	司钻法	0	2	1 口井钻机烧毁、1 口井环空垮塌, 井喷停止
5	工程师法	8	0	

6.3.2　压井案例经验分析

石油天然气井在施工作业过程中, 发生溢流井喷, 其原因是多方面的, 但需采用非常规方法压井, 大多数情况下, 井况均比较复杂。本研究对部分典型井有关压井案例经验教训进行了分析总结, 有关情况详见表 6.3-3。

表 6.3-3　典型井压井案例经验教训分析表

井号	压井方法	处理简况	经验教训
绵阳 2 井	平推法 + 置换法	堵漏→溢流→抢接不成功→剪切→平推→置换→打捞→排后效→正常钻进	溢流发现不及时, 回压阀失效, 风险认识不足; 置换钻具内气侵泥浆, 以降低井口压力; 剪断钻具后无法顶替钻具内气侵泥浆, 需多次挤入泥浆置换钻具水眼中天然气, 以实现压井的目的
狮 58 井	正循环 + 平推法	正循环→反推→正、反循环→放喷降压→正循环→堵漏后注水泥封堵	钻具内堵死, 超过套管抗内压强度, 地层压力预测偏差过大; 套压上升快, 放喷降压
川丰 175 井	清水压井	抢接旋塞阀关井→清水压井→防喷器上装采气树→钻杆采气	钻具内未安装回压阀; 循环压井不通时, 控制立压和套压在允许范围内, 利用从灌满清水到井口再次发生溢流的 5h 左右时间, 在防喷器组上安装采气树, 坐钻杆悬挂器, 钻杆采气完井
迪那 2 井	节流循环压井	正循环节流压井→套压升高→起火	异常高压气藏认识不足, 井控设备管理不到位, 节流阀在承压范围内失灵
新 851 井	平推法	井口降压→注泥浆压井→水泥浆封井	本井产量高, 环空串气通道大, 油管断落, 套管破损, 环空及井口套管头温度逐渐升高; 先采用大产量输气形成压降漏斗, 再用泥浆压井, 后用水泥浆封堵, 从而彻底消除现场隐患
毛坝 4 井	节流循环压井 + 置换法	井口降压解卡→溢流→节流压井	本井发生卡钻, 采取降压方式解卡未成功, 其间发生溢流, 不到 1h, 钻具 1011.75m 处断裂, 后采取节流压井方式处理, 压井成功
元陆 3 井	节流循环压井	节流循环→分离器回浆管线断裂→循环罐着火→节流循环→正挤→注水泥浆封堵	井下垮塌, 客观上造成井喷终止
元陆 5 井	节流循环压井	节流压井→放喷点火→环形抢下→重浆压井→节流循环→关井试挤→打水泥塞封堵	必要时调低环形压力, 抢起抢下, 在适当的位置进行压井施工

6.3.3　压井工艺参数分析

根据压井循环情况、井口节流阀调节、压井液密度、排量、处理时间及设备承压能力等[23], 对比分析了平推法、置换法、边循环边加重法、工程师法、司钻法等压井工艺的异同(表 6.3-4)。

表 6.3-4　现有压井工艺对比分析

序号		方法	压井循环情况	井口节流阀调节	压井液密度	排量	处理时间	设备承压能力	30口深井应用比例/%	适合裂缝性气藏分析	应用条件	实现方法
1	非常规压井	平推法	不循环	关闭节流阀	加重	大排量	取决于压井排量	较高	23.30	适合	储层伤害较大、容易产生井漏，适合反复压井不成功的情况	多相流计算、渗透率计算
2		置换法	不循环	需要控制	加重	小排量	压井液下落时间	一般	20.00	不适合	浪费较长时间，气藏保护较好	密度窗口计算
3	常规压井	边循环边加重法	可循环	需要控制	不加重	大排量	初期动压稳不需要加重，后期静压稳需要加重	较高	10.00	推荐使用	压井速度较快、循环较快，循环型裂缝型气藏	多相流计算、出气量计算
4		工程师法	可循环	需要控制	加重	正常钻进排量的 1/3~1/2	一个循环周内将溢流排出井口并压住井	一般	20.00	适合	对裂缝型气藏控制较为有利，但不适合溢漏同存的情况	多相流计算、出气量计算
5		司钻法	可循环	需要控制	不加重	正常钻进排量的 1/3~1/2	第一循环周用原钻井液排除溢流，第二循环周加重钻井液	一般	26.67	适合	第一循环周将气体循环干净，不利于第二循环周压稳	多相流计算、出气量计算

6.4 压井失败关键原因分析

6.4.1 压井方法成功与失败原因分析

1. 置换法压井过程成功与失败原因分析

(1)置换法压井时,从井口泵入井筒的钻井液密度设计应考虑天然气与钻井液置换速度,防止反复置换,延长压井时间。

(2)排出气体(放压)的过程中,有一种错误的认识是"只要排出的不是液体,就可以继续排"。以套压为基础是排出气体(放压)的唯一正确做法,这是井内压力平衡决定的。

(3)控制套压的上限为井口装置额定工作压力、套管抗内压强度的80%和薄弱地层破裂压力三者中的最小值;下限压力为压井的全过程中不出现二次溢流。

(4)压井过程中,应逐次地小排量注入压井液,使其在气体中下沉至井底;逐次地小排量排除上部气体,防止对已形成液柱的干扰;注入压井液和排出气体采取小排量方式,有利于有效置换和稳定已形成的液柱。

(5)注入压力控制不合理是压井中存在的一个比较普遍的问题,要以井内压力平衡为基础,防止注入过程的漏失和排气过程的溢流;关井后井底压力基本上是由液柱压力和套压组成,井底压力与地层压力在一定范围内是处于平衡状态的,置换法压井就是始终在此平衡中进行。

2. 动力法压井过程成功与失败原因分析

(1)为初步建立液柱压力,以及节约压井液,避免火灾爆炸事故发生,宜先用清水(海水)压井。利用"水锁"效应,堵塞油气溢出的通道,为压井施工创造有利条件。

(2)在机泵条件允许的情况下,选用大排量压井,效果会更好(国外有文献研究认为,压井排量不宜超过 $8m^3/min$)。通常情况下,压井排量选择在 $3\sim4m^3/min$ 即可。

(3)如果现场井况异常复杂,为尽快地解除事故,宜选用动力法压井,先用清水压井,再用压井液跟进。

3. 平推法压井过程成功与失败原因总结

1)平推法压井成功的原因

套管下得深,满足井口加压;地层为裂缝型气层,上部有漏层,有挤入地层的通道;钻井液即使进入漏层,上部压井液液柱压力也能平衡地层压力。

2)平推法压井失败的原因

地层渗透率较低,地层无法快速吸收挤压流体,导致平推法压井失败。井口承压能力有限,无法承载高压,也会导致平推法压井失败。

3）平推法压井其他经验总结

平推法压井应做好预防卡钻的相关工作，压井期间发生卡钻，将对下步施工造成严重影响。平推法压井，采用环空平推，其井口压力小于管柱内平推井口压力，但卡钻的风险较大。硫化氢环境条件下，钻具在 49h 后发生氢脆断裂，断裂的井深位置在 700m 左右（也有文献统计，硫化氢环境中钻具氢脆断裂的时间约 24h，断裂的井深位置在 1000～1500m）。类似的气井压井作业宜快速决策、快速实施。

6.4.2 典型井压井失败关键原因分析

表 6.4-1 总结了裂缝型气藏压井失败的关键原因：①由于地层渗透性未弄清、钻具井下工作情况不清楚等，导致压井方法选择不当；②由于裂缝型气藏地质特征复杂，地层不清楚、注入压力控制不合理、循环排气压力掌握不准等，导致压井关键参数选择不当。

表 6.4-1 压井失败关键原因分析

序号	失败关键原因	井例	处理过程
1	压井方法选择不当	泰来 2 井	开始选用节流循环压井未成功，之后选用平推法压井成功
		顺南 5 井	开始选用节流循环压井未成功，之后选用平推法压井成功
		大北 202 井	开始选用节流循环压井未成功，之后选用置换法压井成功
		绵阳 2 井	开始选用平推法压井未成功，之后选用置换法压井成功
		SB111X 井	开始选用节流循环压井未成功，之后选用平推法压井成功
		顺托 1 井	开始选用平推法压井失败，之后采用司钻法压井成功
2	压井参数选择不当	泰来 2 井	平推三次，密度分别为 2.1g/cm³、2.3g/cm³、2.5g/cm³，第三次平推成功
		清溪 1 井	压井过程中正注清水未成功，再次正注压井液，反复多次后成功

第7章 压井计算方法及压井步骤

7.1 平推法压井

我国的西南、西北地区是国家"十三五"油气资源勘探开发的重点区域，地质条件十分复杂(大部分超深油气井具有井底压力大于 70MPa、天然气产量大于 $1 \times 10^6 m^3/d$ 或硫化氢含量大于 1000×10^{-6} 的特性)，地层物性差异大，裂缝形态各异，油气层中富含硫化氢，存在溢流无规律、气水分布不确定、压力窗口窄等问题，易发生溢流、井喷事故，非常规压井日益增多，一旦发生恶性井喷，很大可能会导致机毁人亡、油气井报废等严重后果。

根据资料统计分析，目前我国非常规压井的油气井主要在西南和西北地区，主要采用平推法(也叫压回地层法、硬顶法、挤压法或顶回法)，该方法是从井口泵入压井液把侵入井筒的溢流压回地层。平推法适用于空井溢流、套管下得较深、裸眼短、渗透性好的产层或具有一定渗透性的非产层，特别适合含硫化氢油气井溢流处置。

针对压井过程，许多学者进行了大量研究。例如，考虑压井液与侵入井筒的气体发生置换，建立压井过程模型；考虑泥饼、储层污染带等因素，分析了压井液在压回储层后的流动规律以及压回过程井筒的压力变化规律；开展了压回法压井技术适应性分析；介绍了"五步压回法"压井的基本原理和挤压转向、平稳压回、逐步刹车、吊灌稳压和堵漏承压 5 个步骤；根据临界压井排量，建立了某排量下井筒内粒径最大气泡压回井底的数学关系；分析了压回法压井的流体侵入特征，给出了压回法适用的钻井现场工况、实施压回法压井的必要条件和所需装备。但以上研究中未给出平推法适用模型、未具体分析平推法压井因素的关联关系，对此笔者开展了现场验证，并采集了平推法压井的实时泵压及回压实测数据。

通过对平推法压井案例进行分析，发现泵注压力、泵注排量、地层渗透率、进液储层是否等容等因素，是影响平推法压井效果的关键原因；现场平推法压井出现高套压，多次平推不成功，也可能是"定容体储层"进液后，流体高度压缩，储层体积一定，随着井底压力降低，储层中流体又流至井筒所致。本书考虑地层临界压差、地层渗透率等条件，提出了平推法压井适用条件模型，可以根据渗透率、排量及密度窗口等因素判断平推法的适用程度；考虑地层破裂、套管抗内压强度、套管鞋承压、井口承压条件，提出了压井液排量设计模型，绘制了平推法压井因素关联图。

7.1.1 平推法适用条件模型

(1)油气井发生溢流或井喷后，基于安全以及压井的效能，在满足以下条件之一时，推荐采用平推法压井：

①含 H_2S 油气井；

②套管下入较深、裸眼井段短、只有一个产层且渗透性好的井；

③井内管柱水眼堵塞或管柱断裂、压井液不能到达井底的井；

④产层下面有漏失层的井或喷漏同层；

⑤储层渗透性好，裂缝型地层，碳酸盐岩地层；

⑥井内只有少量钻具或钻具距离井底较远；

⑦采用常规方法压井后，井筒内液柱压力系统因井漏、气侵等原因情况不清；

⑧井内有螺杆、涡轮等工具，井筒需要堵漏，但堵漏作业无法实现的井。

(2) 钻进施工过程中发生溢流或井喷后，具备下列条件时可采用平推法压井：

①循环灌总池体积上涨快，高架槽液面变化不大；

②循环灌总池体积变化不大，高架槽液面上涨快；

③钻进过程中放空后发生溢流。

(3) 井口装置及套管承压能力较低或地层渗透性较差的井不宜选用平推法压井。

图 7.1-1 为平推法压井示意图，将平推法的压井过程划分为如下几个阶段：①开始注入阶段；②气体被压缩阶段；③达到气体被推回地层临界压力阶段；④流体被推回地层阶段；⑤施工结束阶段。

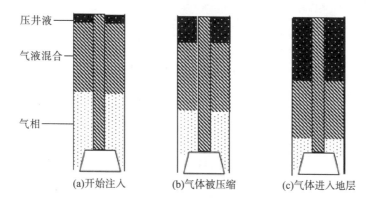

图 7.1-1　平推法压井示意图

根据达西定律，将井筒流体压入地层需要满足一定压差，此阶段井底压力需达到气体被推回地层临界压力点，气体被推回地层临界压差表示为

$$\Delta p_w = p_w - p_p \tag{7.1-1}$$

式中，Δp_w 为气体被推回地层临界压差，MPa；p_w 为井底压力，MPa；p_p 为地层压力，MPa。

压井过程中，不压漏地层始终保持井底压力，整理为

$$\Delta p_w \leqslant p_f - p_p \tag{7.1-2}$$

式中，p_f 为地层破裂压力，MPa。

气体被推回地层临界压差可以表示为

$$\Delta p_{\mathrm{w}} = \frac{Q\mu \ln \dfrac{R_{\mathrm{e}}}{R_{\mathrm{w}}}}{2\pi K h} \tag{7.1-3}$$

式中，Q 为压井排量，m^3/s；μ 为流体黏度，$\mathrm{MPa \cdot s}$；R_{e} 为井底压力波及半径，m；R_{w} 为井筒半径，m；π 取 3.14；K 为地层渗透率，$\mu\mathrm{m}^2$；h 为地层厚度，m。

考虑地层渗透率，可得到平推法适用模型为

$$K \geqslant \frac{Q\mu \ln \dfrac{R_{\mathrm{e}}}{R_{\mathrm{w}}}}{2\pi h(p_{\mathrm{f}} - p_{\mathrm{p}})} \tag{7.1-4}$$

7.1.2 压井液排量设计模型

1. 设计压井最小排量

根据气体滑脱速度，设计压井最小排量为

$$Q_{\mathrm{1min}} = 1.593A\left[\frac{g\sigma(\rho_{\mathrm{L}} - \rho_{\mathrm{G}})}{\rho_{\mathrm{L}}^2}\right]^{0.25} \tag{7.1-5}$$

式中，A 为环空横截面积，m^2；g 取 9.18，$\mathrm{m/s}^2$；σ 为气液表面张力，N/m；ρ_{L} 为液相密度，$\mathrm{kg/m}^3$；ρ_{G} 为气相密度，$\mathrm{kg/m}^3$。

不发生溢流事故，平推压井环空压力方程为

$$p_{\mathrm{d}} + p_{\mathrm{g}} - p_{\mathrm{ci}} \geqslant p_{\mathrm{p}} \tag{7.1-6}$$

式中，p_{d} 为井口注入压力，MPa；p_{g} 为单相流及多相流静液柱压力，MPa；p_{ci} 为环空流体循环摩阻，MPa。

环空流体循环摩阻表示为

$$p_{\mathrm{ci}} = \lambda \frac{L}{D_{\mathrm{e}}} \frac{\left(\dfrac{Q}{A}\right)^2}{2g} \tag{7.1-7}$$

式中，λ 为摩擦阻力系数；Q 为压井排量，m^3/s；D_{e} 为环空有效直径，m。

考虑不发生溢流事故，整理式(7.1-6)及式(7.1-7)，设计压井最小排量为

$$Q_{\mathrm{2min}} \geqslant A\sqrt{(p_{\mathrm{p}} - p_{\mathrm{g}} - p_{\mathrm{d}})\frac{2gD_{\mathrm{e}}}{\lambda L}} \tag{7.1-8}$$

关井过程中的井筒压力可表示为

$$p_{\mathrm{close}} = p_{\mathrm{d}} - p_{\mathrm{g}} \tag{7.1-9}$$

式中，p_{close} 为关井压力，MPa。

整理式(7.1-8)及式(7.1-9)得

$$Q_{\mathrm{2min}} \geqslant A\sqrt{(p_{\mathrm{p}} - p_{\mathrm{close}})\frac{2gD_{\mathrm{e}}}{\lambda L}} \tag{7.1-10}$$

设计压井最小排量模型为

$$Q \geqslant \text{Max}\{Q_{1\min}, Q_{2\min}\} \tag{7.1-11}$$

压井排量设计考虑了气体滑脱、不发生溢流、不压漏地层、地层吸收、井口设备、套管鞋压力及套管抗内压 7 种因素，图 7.1-2 为平推法各压井因素关联图。

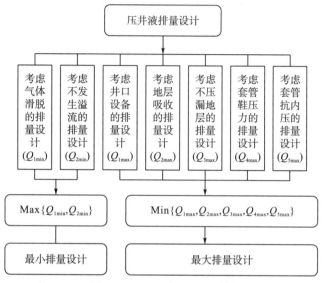

图 7.1-2　平推法压井因素关联图

2. 设计压井最大排量

考虑井口设备，设计压井最大排量为

$$Q_{1\max} = A\sqrt{(p_f - p_{\text{close}})\frac{2gD_e}{\lambda L}} \tag{7.1-12}$$

考虑地层吸收，整理式（7.1-4）可得设计压井最大排量为

$$Q_{2\max} \leqslant \frac{2K\pi h(p_f - p_p)}{\mu \ln \dfrac{R_e}{R_w}} \tag{7.1-13}$$

设 $Q_{3\max}$ 为不压漏地层的最大压井液排量，$Q_{4\max}$ 为套管鞋处允许的最大压井液排量，$Q_{5\max}$ 为套管抗内压强度允许的最大压井液排量。

设计压井最大排量模型为

$$Q \leqslant \text{Min}\{Q_{1\max}, Q_{2\max}, Q_{3\max}, Q_{4\max}, Q_{5\max}\} \tag{7.1-14}$$

式中，Q 为设计压井最大排量，m^3/s。

7.1.3　井筒多相流压力模型

气相微元控制体连续方程为

$$\frac{\partial}{\partial t}\iiint_{\Omega_g} \rho_g \,\mathrm{d}\Omega + \iint_{A_g} \rho_g v_g n_g \,\mathrm{d}A = 0 \tag{7.1-15}$$

式中，Ω_g 为气相控制体；ρ_g 为气相密度，kg/m^3；v_g 为气相速度，m/s；n_g 为法线方向；A_g 为气相占控制体的有效横截面积，m^2。

液相微元控制体连续方程为

$$\frac{\partial}{\partial t}\iiint_{\Omega_l}\rho_l\,d\Omega+\iint_{A_l}\rho_l v_l n_l\,dA=0 \tag{7.1-16}$$

式中，Ω_l 为液相控制体；ρ_l 为液相密度，kg/m^3；v_l 为液相速度，m/s；n_l 为法线方向；A_l 为液相占控制体的有效横截面积，m^2。

气相微元控制体运动方程为

$$\frac{\partial}{\partial t}\iiint_{\Omega_g}\rho_g v_g\,d\Omega+\iint_{A_g}\rho_g v_g^2 n_g\,dA=\iint_{A_g}p n_g\,dA-\iiint_{\Omega_g}\rho_g g\,d\Omega-\tau_{g0}S_{g0}-\tau_{g1}S_{g1} \tag{7.1-17}$$

式中，τ_{g0} 为气相与裸眼井壁的摩擦力，N/m^2；S_{g0} 为气相与裸眼井壁的接触面积，m^2；τ_{g1} 为气相与套管的摩擦应力，N/m^2；S_{g1} 为气相与套管壁的接触面积，m^2；g 为重力加速度，m/s^2。

液相微元控制体运动方程为

$$\frac{\partial}{\partial t}\iiint_{\Omega_l}\rho_l v_l\,d\Omega+\iint_{A_l}\rho_l v_l^2 n_l\,dA=\iint_{A_l}p n_l\,dA-\iiint_{\Omega_l}\rho_l g\,d\Omega-\tau_{l0}S_{l0}-\tau_{l1}S_{l1} \tag{7.1-18}$$

式中，τ_{l0} 为液相与裸眼井壁的摩擦力，N/m^2；S_{l0} 为液相与裸眼井壁的接触面积，m^2；τ_{l1} 为液相与套管的摩擦应力，N/m^2；S_{l1} 为液相与套管壁的接触面积，m^2。

将流动通道离散为 n 个网格（图7.1-3），对气-液两相瞬态流模型进行离散差分求解[24]。

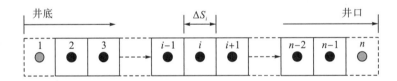

图 7.1-3　差分网格示意图

对式（7.1-15）进行差分：

$$\frac{(A\rho_g v_{sg})_{i+1}^{n+1}-(A\rho_g v_{sg})_i^{n+1}}{\Delta s}=\frac{(A\rho_g\phi_g)_i^n}{2\Delta t}+\frac{(A\rho_g\phi_g)_{i+1}^n}{2\Delta t}-\frac{(A\rho_g\phi_g)_i^{n+1}-(A\rho_g\phi_g)_{i+1}^{n+1}}{2\Delta t} \tag{7.1-19}$$

对式（7.1-16）进行差分：

$$\frac{(Av_{sl})_{i+1}^{n+1}-(Av_{sl})_i^{n+1}}{\Delta s}=\frac{(A\phi_l)_i^n+(A\phi_l)_{i+1}^n-(A\phi_l)_i^{n+1}-(A\phi_l)_{i+1}^{n+1}}{2\Delta t} \tag{7.1-20}$$

对式（7.1-17）及式（7.1-18）中的液相、气相动量守恒方程采用如下半显示差分格式：

$$(Ap)_{i+1}^{n+1}-(Ap)_i^{n+1}=K_1+K_2+K_3+K_4 \tag{7.1-21}$$

其中，参数 K_1、K_2、K_3、K_4 可以表示为

$$K_1=\frac{\Delta s}{2\Delta t}\left\{\begin{array}{l}[A(\rho_l v_{sl}+\rho_g v_{sg})]_i^n+[A(\rho_l v_{sl}+\rho_g v_{sg})]_{i+1}^n\\-[A(\rho_l v_{sl}+\rho_g v_{sg})]_i^{n+1}-[A(\rho_l v_{sl}+\rho_g v_{sg})]_{i+1}^{n+1}\end{array}\right\} \tag{7.1-22}$$

$$K_2 = \left[A\left(\frac{\rho_1 v_{sl}^2}{\phi_1} + \frac{\rho_g v_{sg}^2}{\phi_g} \right) \right]_i^{n+1} - \left[A\left(\frac{\rho_1 v_{sl}^2}{\phi_1} + \frac{\rho_g v_{sg}^2}{\phi_g} \right) \right]_{i+1}^{n+1} \tag{7.1-23}$$

$$K_3 = -\frac{g\Delta s}{2}[(A\rho_1)_i^{n+1} + (A\rho_1)_{i+1}^{n+1}] \tag{7.1-24}$$

$$K_4 = -\frac{\Delta s}{2}\left[\left(A\frac{\partial p}{\partial s} \right)_{fri}^{n+1} + \left(A\frac{\partial p}{\partial s} \right)_{fri+1}^{n+1} \right] \tag{7.1-25}$$

酸性气体符合 Redlich-Kwong 状态方程：

$$p = \frac{RT}{V-d} - \frac{c}{T^{0.5}V(V+d)} \tag{7.1-26}$$

混相气体组分参数：

$$\begin{cases} c = \left(\sum y_i c_i^{0.5} \right)^2 \\ d = \sum y_i d_i \end{cases} \tag{7.1-27}$$

其中，

$$\begin{cases} c_i = \frac{\Omega_a R^2 T_c^{2.5}}{p_c} \\ d_i = \frac{\Omega_b R T_c}{p_c} \end{cases} \tag{7.1-28}$$

式中，Ω_a 为 0.42748；Ω_b 为 0.08664；c_i 为组分 i 的 c 值；d_i 为组分 i 的 d 值；R 为气体常数，J/(kg·K)；V 为酸性气体体积，m^3；y_i 为 i 组分的摩尔分数；T_c 为临界温度，K；p_c 为临界压力，MPa。

图 7.1-4 为平推法压井计算分析界面。该模块可模拟第一阶段(钻井液泵入井筒)、第二阶段(气体压缩，流体没有被推回地层)、第三阶段(流体逐渐被推回地层)的套压变化规律。该模块可输出准备重浆体积、压井时间、压井液密度等 10 个压井参数。

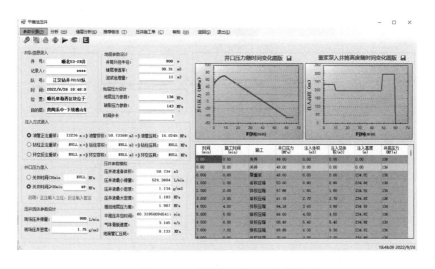

图 7.1-4　平推法压井计算分析界面

对 YB7C-1 井实施平推法压井，该井地理位置在四川省苍溪县白鹤乡，YB7C-1 井实测关井井口压力高达 121.96MPa，经过放喷点火，压力降至 49.25MPa，实施压井。YB7C-1 井环空装有封隔器(封隔器位置在 6807m)，采用油管正注压井，清水压井，启动两台 2500 型泵车及一台 1300 型泵车，1300 型泵车打背压(图 7.1-5 为现场背压补压数据)；2500 型泵车以 0.6m³/min 泵注清水。

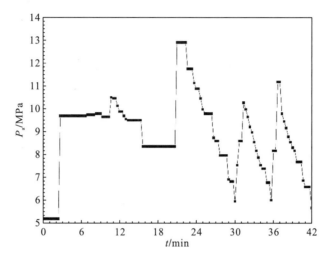

图 7.1-5   现场背压补压数据

图 7.1-6 为现场油管泵注压力与计算压力对比数据，实际压井井口最大压力为 61.79MPa，模拟压井井口最大压力为 62.38MPa，最大误差为 0.955%，实际压井平推后稳定压力为 35.68MPa，模拟压井平推后稳定压力为 38.22MPa，最大误差为 7.119%，计算结果与现场压井数据基本一致，误差在允许范围之内。

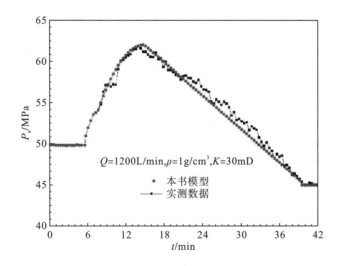

图 7.1-6   现场油管泵压实测数据与计算数据对比分析

7.1.4　YB7C-1 井压井实例分析

1. 试验目的

（1）考虑非常规压井的地层条件、井口情况、井筒情况以及工况情况等因素，验证计算机自动优选压井方法的可行性及正确性。

（2）开展 YB7C-1 井平推法压井井筒压力、井口压力及地层压力的压井体系压力阶变图版验证。

2. 试验井况简介

YB7C-1 井是西南油气分公司部署在川东北元坝低缓褶皱带宝成茅口组岩性圈闭东北部的预探井，位于四川省苍溪县白鹤乡柏荫村 1 组。

项目组于 2019 年 9 月 28 日 13 时抵达 YB7C-1 井现场，经现场交流及实地考察，本井开井压力为 83.5MPa，点火成功后放喷最高油压达 98.8MPa，油温达 80℃，放喷最高产量约为 $160 \times 10^4 \mathrm{m}^3/\mathrm{d}$，经过长时间高温、高压、高产放喷排液，在放喷期间采用泵车伴注清水、碱水。

2019 年 9 月 29 日测试流程受损情况如下。

（1）二级 105MPa 管汇一支平板阀外漏（盘根损坏），造成一级至二级原有的 3 条放喷通道仅有两条能用。

（2）三级 105MPa 管汇一支平板阀内漏，暂未对测试放喷造成影响。

（3）一级管汇 140MPa 油嘴拆卸检查困难、二三级两个 105MPa 管汇有两个油嘴无法取出。在油嘴前后有地层返出固相颗粒，在高温高压条件下板结、附着在油嘴上并造成丝扣粘扣，当前流程区域压力高、温度高、流体含硫化氢。

3. 钻井基本数据

表 7.1-1 为 YB7C-1 井钻井基本数据。

表 7.1-1　YB7C-1 井钻井基本数据

井位	地理位置	四川省苍溪县白鹤乡柏荫村 1 组
	构造位置	川东北元坝低缓褶皱带宝成茅口组岩性圈闭东北部
钻井	井口坐标	纵（X）：3530296.176，横（Y）：18593111.669，海拔：811.431m
	井型	侧钻定向井
	造斜点/m	6160
	最大井斜角/(°)	8.92
	侧钻完钻井深/m	6988
	井别	预探井
	目的层位	志留系
	套管头型号	TF11″×8-1/8″-140MPa
	采气树型号	140MPaFF 级

4. 井身结构数据

YB7C-1 井实钻井身结构数据见表 7.1-2。

表 7.1-2 YB7C-1 井实钻井身结构数据

类别	开钻次序	钻头尺寸/mm	钻深/m	套管外径/mm	套管下深/m	水泥返高/m
原井	导管	914.40	30.00	720.00	0～30.00	地面
	1	609.60	703.00	476.25	0～700.28	
	2	444.50	3112.60	346.08	0～535.18	
		406.40	3688.00	339.72	535.18～3687.46	
	3	311.20	5009.00	273.05/282.60	0～5009.00	
	4	241.30	6860.00	193.68/206.40	0～6860.00	
	5	165.10	7366.00	139.70	6552.56～7366.00	尾管顶部
侧钻井	1	165.10	6988.00	139.70	5298.21～6919.00	5295.07

注：悬挂器顶部位置，5298.21m；回接筒顶部位置，5295.07m。

5. 现场压井方案

1）试气队

预装管汇油嘴：采用 10mm+10mm×13mm×15mm+15mm+15mm 工作制度；测试管汇液控柜调试到位；保持 140MPa 管汇液控闸门常开；保持通信畅通。

2）钻井队

检查供水管线连接，试供；保证场外向场内供水 60m³/h；做好应急压井供浆准备；指派专人供水、供浆；保障供电及夜间照明；保持通信畅通。

3）泥浆方

维护调整好泥浆：密度为 2.38g/cm³ 的泥浆 120m³，密度为 2.18g/cm³ 的泥浆 340m³；人员待命，做好应急压井倒浆准备；保持通信畅通。

4）泵车操作人员

检查泵车及管线，确保设备正常连续作业；确保油料充足；对两台 2500 型及一台 1300 型泵车进行排空、试压，试运转；保持通信畅通。

5）其他配合方

应急消防、环境监测人员在岗待命，保持通信畅通；采油树、井下安全阀、封隔器厂家人员待命，按指令操作设备及技术支持，保持通信畅通。

6）井口降压

一级采用 10mm+10mm 制度降低井口压力至 60～65MPa，环空压力控制在 15MPa 以内。

7)压井

启动两台 2500 型泵车及一台 1300 型泵车,1300 型泵车打背压 15MPa;2500 型泵车以 0.6m³/min 泵注清水。关闭放喷通道;同时采用两台 2500 型泵车正注清水,在限压 110MPa 内迅速提排量至 1.8m³/min;1300 型泵车按表 7.1-3 补环空平衡压。正注清水 1~2 个井筒容积(井筒容积 27m³)(具体泵注清水量由甲方确定),观察泵注排量及压力。根据压井情况,决定停泵、关井。

表 7.1-3　压井压力范围设定

油压范围/MPa	推荐平衡压值/MPa	平衡压安全值/MPa (封隔器压差在 50MPa 以内,井口油管压差在 80MPa 以内)
60~80	15	0~24
80~90	20	0~46
90~100	25	10~57
100~110	35	20~60

8)关井期间井口观察及补压

人员准备:试气队人员满足应急泄压、放喷需求;钻井队人员满足门岗,应急供浆、供水及供电需求;泥浆方人员满足维护泥浆性能、应急倒浆需求;泵车操作人员现场 24h 值班,满足泵车操作需求。

设备准备:试气队进行设备安全操作流程测试,确保流程满足放喷要求;钻井队保养供水、供浆、供电及附属设备,确保应急压井供水、供浆要求;泥浆方保养倒浆设备及管线,确保应急压井倒浆要求;泵车值班,2500 型泵车两台、1300 型泵车一台,油料及附属材料准备到位,满足应急压井要求。

功能准备:试气队人员和设备配置需满足应急泄压、放喷功能要求;钻井队人员和设备配置需满足应急供浆、供水及供电功能要求;泥浆方人员和设备配置需满足维护泥浆性能、应急倒浆功能要求;泵车操作人员和设备配置需满足应急压井连续泵注功能要求。

压力观察:每半小时观察井口油压、套压,并记录;两人定期巡查井口高压区域,观察是否渗漏。

补压方案:若井口油压超过 85MPa,则采用两台 2500 型泵车限压 110MPa 正注清水 1.5 倍井筒容积;平衡压保持在 35~40MPa。

9)应急压井

若清水压井或观察期间出现油套窜通迹象,则清水平推后立即倒换 2.38g/cm³ 泥浆泵注,控制环空压力在 60MPa 以内,根据情况再编制应急压井方案。

6. 平推法压井井筒压力分析

YB7C-1 井采用清水油管平推正注压井,压井排量为 1200L/min,储层渗透率为 30.31mD,硫化氢含量为 0.276×10⁻⁶。压井流体通道为复合油管直井结构:第一段油管长度为2483m(内径为68.86mm)，第二段油管长度为2493m(内径为76.00mm)，第3段油管长度为1976m(内径为61.98mm)，压井液表面张力为0.083N/m，压井液黏度为15MPa·s。图7.1-7为YB7C-1井泥浆泵入量与承压值关系图。地层承压当量密度为1.95g/cm³，储层承压当量密度为2.21g/cm³。

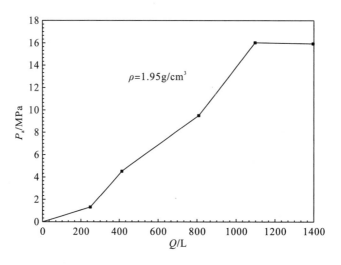

图7.1-7　泥浆泵入量与承压值关系图

图7.1-8为地层渗透率对井底和地层压差的影响。地层渗透率为3mD时，压井排量Q=800L/min同Q=1000L/min比较，井底压差从2.06MPa升至8.22MPa，对于低渗地层，如果采取大排量压井会使井下情况更复杂。当地层渗透率为30mD时，压井排量Q=800L/min同Q=1000L/min比较，井底压差从0.21MPa升至0.82MPa，仅需要0.61MPa，地层渗透率越大对平推法越有利，因此储层渗透率大于30mD时更适合采用平推法。

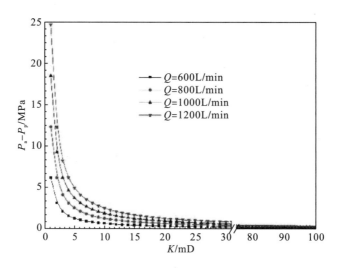

图7.1-8　地层渗透率对井底和地层压差的影响

　　图 7.1-9 为压井液排量对泵注压力的影响。随压井排量增大，所需平衡地层压力的压井时间缩短。在压井初期，排量增大，不仅增大了压井液的流动阻力，还会使压井液推进地层的阻力增大，从而使地面泵注压力呈现增大趋势，当排量为 1200L/min 时，压井液 38.5min 到达井底，当排量为 600L/min 时，压井液 54.5min 到达井底。

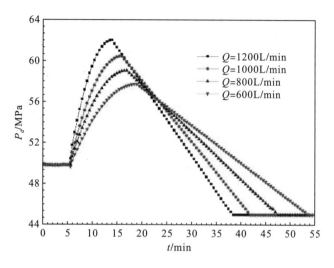

图 7.1-9　压井液排量对泵注压力的影响

　　图 7.1-10 为压井液密度对泵注压力的影响。压井第一阶段，油管流体状态为从静止到钻井液流动，井底有效压力主要受摩擦阻力影响，随压井液密度增大，泵注压力呈现增大趋势；压井第二阶段，井底有效压力主要受静液柱压力影响，随压井液密度增大，泵注压力呈现减小趋势。平推法压井液密度设计应考虑密度窗口下限、泵注压力、摩擦阻力、地层渗透率等因素，压井作业之前要进行井底有效压力模拟反演，确保平推法压井不压漏地层。

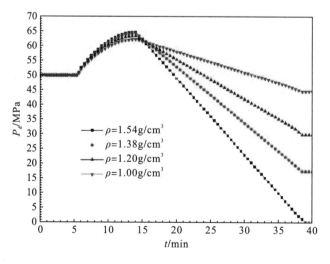

图 7.1-10　压井液密度对泵注压力的影响

图 7.1-11 为平推法压井渗透率对泵注压力的影响。随渗透率增大，泵注压力呈现减小趋势，泵注初期阶段，环空中气体处于压缩状态，随泵注压力增大，当施工时间为 14.3min 时（k=30mD），注入压力达到最大，为 61.79MPa，此时达到气体被推回地层临界压力，气体开始推进地层，当到达 38.5min 时，压井液到达井底。

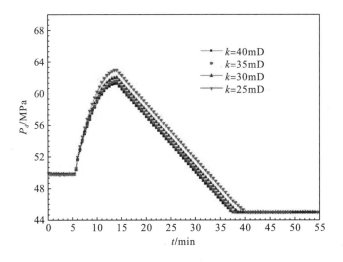

图 7.1-11　平推法压井渗透率对泵注压力的影响

2019 年 9 月 29 日 9：00 实施压井，鉴于 YB7C-1 在井口压力为 53MPa 的情况下，产气量达到 24.66×10^{4}m^3/d，预测该井地层压力高达 145.4MPa，实测关井井口压力高达 121.96MPa，该井选用平推法压井，施工前 1h 召开了 YB7C-1 压井现场会议。表 7.1-4 为 YB7C-1 井平推清水压井数据。

表 7.1-4　YB7C-1 井平推清水压井数据

日期	时间/min	泵压/MPa	排量/(m³/min)	阶段备注量/m³	累计泵注量/m³
2019 年 9 月 29 日	4	49.8↑60.5	0.5	2.0	2.0
2019 年 9 月 29 日	2	60.5↑61.1	0.8	1.6	3.6
2019 年 9 月 29 日	21	61.1↓58.0	1.2	25.2	28.8
2019 年 9 月 29 日	5	58.0↓57.4	1.8	9.0	37.8
2019 年 9 月 29 日	34	55.6↓44.0↑54.0	1.2	40.8	77.6
停泵		54.0↓39.3			

试验井口压力如图 7.1-12 所示。

YB7C-1 井压井条件如下：部分喷空/喷空；不能建立循环；空井条件下发生气体溢流；气量大，泥浆雾化严重；地层压力高；地层渗透性好；复合钻具结构。软件优选结果如下：平推法压井有效等级为 49.153，置换法压井有效等级为 38.983，动力法压井有效等级为 11.864。压井方法首选平推法，实际现场选用平推法压井成功。

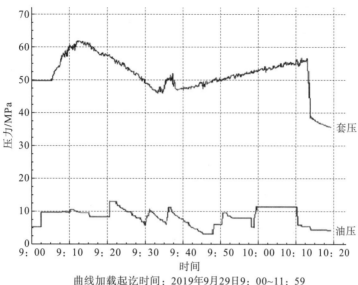

曲线加载起讫时间：2019年9月29日9：00~11：59

图 7.1-12　试验井口压力

平推法压井过程中，软件选用 1200L/min 平推模拟，储层渗透率选择 30.31mD，井筒外控制半径为 900m，压井液采用 1000kg/m³，压井流体通道为复合油管结构：第 1 层油管长度为 2483m，第 2 层油管长度为 2493m，第 3 层油管长度为 1976m，第 1 层油管内径为 68.86mm，第 2 层油管内径为 76mm，第 3 层油管内径为 61.98mm，误差分析见表 7.1-5。

表 7.1-5　实际压井数据与模拟压井数据误差分析对比

名称	实际压井井口最大压力/MPa	模拟压井平推后稳定压力/MPa
实际压井数据	61.79	35.68
模拟压井数值	62.38	38.22
误差	0.955%	7.119%

7.1.5　平推法压井施工准备

1. 压井施工前准备

平推法压井前应成立压井组织机构，明确责任分工，研判平推法压井的可行性及现场采用平推法压井存在的风险，制定与落实管控风险的详细措施并进行技术交底。

2. 压井液准备

(1)清水的准备不应少于井筒容积的 2 倍。

(2)压井清浆的准备不低于井筒容积的 1 倍。

(3)地面准备的加重压井液有效使用量不宜低于井筒容积的 3 倍，满足至少 2 次平推需求量；压井液应保持性能稳定，压井液中应添加必要的润滑剂，避免压井后发生卡钻。

(4)现场应准备一定量的堵漏浆，密度和性能与原井浆基本一致。

3. 压井装备设施的准备

(1)采用钻井队泥浆泵平推压井应做好如下准备。

①泥浆泵缸套、活塞、安全阀限压、高压闸门的开关、管线的连接，以及泥浆泵工况情况能满足平推压井的需要。

②为泥浆泵提供动力的传动系统、气源系统、动力系统以及循环系统等满足平推压井的需要。

③现场应至少有 2 台泵能正常使用。

(2)采用压裂车平推压井应做好如下准备。

①根据平推法压井施工需要，选用压裂车时，应根据压井排量、压裂车车况、预计压井作业时间等因素，确定压裂车数量，备用压裂车数量不少于施工用压裂车数量。

②压裂车、供液车、供液撬、仪表车、高压管汇等压井设备布置应合理；与压裂车配套的水泥车、灰罐群、供水车(系统)、消防车组应满足压井的需要。

③与压井有关的装备设施安装到位，固定牢固，试压合格后，绘制现场压井装备设施示意图。

④参与平推法压井施工的所有作业人员，应清楚本岗位在压井施工过程中可能遇到的异常情况及解决方法、压井施工注意事项、压井闸阀(流程)的倒换程序和要求，以及工作联络信号与指示要求等。

(3)压井辅助装备设施的准备如下。

①供水设施运转良好，供水能力应达到压井排量的 1.5 倍以上，有专人负责供水。

②供电能够满足压井的需要，有专人负责供电工作。

③废弃压井液能够及时回收处理。

④排风系统能够正常工作，根据现场施工要求，满足排除有毒有害气体的相关需要。

4. 平推法压井现场场地条件的准备

(1)根据压井施工作业的需要准备相应的场地，满足压裂车、仪表车、固井车、消防车以及供水车、灰罐、水罐、泥浆罐、管汇等压井设施的安全摆放要求。

(2)钻台与压井无关的工具器材应进行必要的清理。

(3)井内钻杆较少，需要固定钻杆的推荐做法如下。

①用手动锁紧装置将半封闸板锁紧。

②用钻杆死卡将钻杆固定，与钻杆死卡配套的钢丝绳不应少于 4 根，钢丝绳直径不小于 22mm。

③无关人员应远离井场，并在安全区域集中待命。

④刹把应锁紧，与平推压井施工作业无关的设备设施应关停。

(4)需要剪断钻具的操作步骤如下。

①使用剪切闸板防喷器的前提条件：在井喷失控，现场已无力改变井喷失控状态且危及人身安全的情况下，才能使用剪切闸板防喷器剪断井内钻具，控制井口。

②使用剪切闸板防喷器实施剪切关井的指挥权限：钻井队长同钻井监督协商一致，请示项目建设单位和钻井承包商井控第一责任人同意后，立即组织实施剪断钻具关井；若情况紧急，来不及请示，则经钻井监督同意，由钻井队长组织实施剪断钻具关井。

③剪切闸板防喷器剪断钻具关井操作程序如下。

a. 确保钻具接头不在剪切闸板防喷器剪切位置后，锁定钻机绞车刹车系统。

b. 关闭剪切闸板防喷器以上的半封闸板防喷器和环形防喷器，打开放喷管线泄压。

c. 打开剪切闸板防喷器以下的半封闸板防喷器。

d. 打开储能器旁通阀，关剪切闸板防喷器，直至剪断井内钻具关井；若未能剪断钻具，则应由气动泵直接增压，直至剪断井内钻具关井。

e. 关闭全封闸板防喷器，手动锁紧全封闸板防喷器和剪切闸板防喷器。

f. 试关井。

④剪切闸板防喷器使用安全注意事项。

a. 钻井队应加强对剪切闸板防喷器远程控制台的管理，避免因误操作而导致钻具事故或更严重的事故。

b. 操作剪切闸板防喷器时，除远程控制台操作人员外，其余人员应全部撤至安全位置。

c. 恢复正常工作后，剪切闸板防喷器应及时更换。

⑤使用剪切(全封)一体化闸板关井，应用手动锁紧装置将闸板锁定。

5. 平推法压井其他准备要求

(1)消防设施器材的准备：根据现场消防需要，准备相应的消防设施和器材。必要的灭火器、消防沙、消防毯、消防水龙带应准备到位，有专人负责消防器材的管理以及消防工作。必要时，应准备消防车。

(2)气防设施的准备：根据平推法压井的需要，现场应配备必要的可燃气体监测仪、二氧化硫监测仪、硫化氢监测仪等有毒有害气体检测仪，以及正压式空气呼吸器、风向标、风扇等气防设施。

(3)通信联络准备。

①现场应准备良好的通信系统，必要时，应协调地方通信部门参与压井通信工作。

②参加压井的所有人员应人手一台对讲机，根据压井指挥的需要，明确有关工种(岗位)对讲联络频道。

③参与压井作业的有关人员应熟悉压井手势信号、声音信号、图标指示等信号内涵。

(4)平推法压井应充分考虑压井时的气象条件，准备探照灯，满足夜间施工作业要求。

(5)平推法压井前，应绘出井场平面图、设备布局图，参与压井作业的人员应清楚施工作业现场的消防通道、撤离通道，消防通道、撤离通道应畅通。

(6)实施平推法压井前，应根据现场实际情况，进行必要的防火、防爆和应急疏散演练。

(7)压井前，应划定施工作业风险区，并进行必要的警戒，无关人员应撤离到安全区。

7.1.6　平推法压井基本步骤

(1)发现溢流后，应按要求关井求压，并手动锁紧，计算压井液密度，准备压井液。

通常将关井 15min 后的立压数值作为计算压井液密度的主要依据。若钻具在井底附近而且能够读取关井立压，则可利用常规方法计算压井液密度，如下：

$$\rho_{mk} = \rho_m + \frac{P_d}{10^{-3}gH} + \rho_{附} \tag{7.1-29}$$

式中，ρ_{mk} 为压井液密度，g/cm^3；ρ_m 为原钻井液密度，g/cm^3；g 为重力加速度，m/s^2；P_d 为关井立压，MPa；H 为垂深，m；$\rho_{附}$ 为附加安全增量(当量密度)，取值上限为 $0.15g/cm^3$。

若钻具水眼堵塞或因其他原因无法求取关井立压，则根据套压、溢流量折算井内高度近似计算压井液密度。

$$\rho_{mk} = \rho_{ma} + \frac{P_a}{10^{-3}gH} + \rho_{附} \tag{7.1-30}$$

式中，ρ_{ma} 为环空钻井液密度，g/cm^3。因溢流增量，环空钻井液密度比原钻井液密度低，该值可以通过溢流量折算在环空内的占据高度来推算。

(2)确定施工井口压力。

正挤则确定立压 P_d，反挤则确定套压 P_a。立压、套压的确定不超过井口装置额定压力、上层套管抗内压强度的 80% 两者中最小值。若关井套压超过以上两者最小值，则应终止该方法。

(3)环空平推压井液。

①采用小排量(小于正常钻进排量，可以参考低泵冲试验排量)将压井液注入环空，观察套压升高情况；当套压升高至一定值 P，并基本保持稳定时，液体开始进入地层，记录刚稳定时的注入量、稳定后的排量、套压、立压。

②设备使用，可先使用钻井泵进行平推，施工压力超过泥浆泵额定压力的 80% 时换用压裂车进行平推。

③挤入量的确定，挤入量不应少于环空容积。环空挤注压井液时，观察套压、立压情况，当压井液进入地层时，泵压会突然升高，此时停泵。

④当套压升高快要超过井口装置额定压力、上层套管抗内压强度的 80% 两者中最小值时，应降低排量，或停泵观察压力是否会下降。若压力不降，则终止平推法压井；若压力下降，则适当降低排量，继续平推挤注压井液。

⑤若平推过程中发生漏失，则挤注入一定量的堵漏浆，再继续平推压井液。

(4)钻具水眼内平推压井液。方法同第(3)步，此时挤入量不少于钻具内容积。若钻具水眼堵塞，则应进行环空挤注。

(5)停泵，观察压力检测压井效果，循环。

①停泵后井口立压、套压都为 0，有以下 3 种情况。

a. 开井无溢流，则进行开井循环，确认井下是否正常。如果循环一周无异常，则进行下步作业；如果在循环过程中发现有溢流，则可采用关井节流循环压井。

　　b. 开井后仍有溢流，应立即关井，控制 1MPa 左右的套压节流循环，加密测量液面。如果液面稳定，则可循环一周，如果液面仍有增加，则应调节节流阀提高套压，采用常规压井排量节流循环压井，注意保持立压稳定，并适当提高泥浆密度(控制进口密度增加 $0.02g/cm^3$ 为阶梯)直至开井无溢流。

　　c. 停泵后压力上涨，一般在 3MPa 以内，应关井静止观察，让地层缓慢吸收，几小时后井口压力为零，部分井会出现失返状态；如果几小时后压力不变，则应继续进行平推压井。

　　②若停泵后，立压为零，套压不为零，则采用工程师法节流循环压井，确定井内是否压稳。

　　③停泵后，立压、套压都不为零，说明压井液的密度不够大不能平衡地层压力，可提高压井液密度，继续平推高密度压井液。如果是因为气体向上运移的速度大于把气体向下压的速度或者裸眼地层出现漏失，压井液不能到达油气层，可采用置换法压井。

　　(6)压井结束，恢复正常。

　　压井后，环空和水眼液面处于失返状态，以液面稳定(按时定量灌浆)为压井成功标志。

　　对于非失返性井，停泵后立套压均降为零、进出口泥浆密度差小于 $0.02g/cm^3$，继续通过节流管汇和液气分离器循环一周以上，停泵观察无溢流，且全烃较低，再开井观察无溢流，视为压井作业结束。

7.1.7　平推法压井施工注意事项

　　(1)一旦确定采用平推法压井，关井后要尽快组织压井，避免套压升高，增加压井复杂程度及压井时间。

　　(2)施工压力不能超过井口装置额定压力、上层套管抗内压强度的80%两者中的最小值。

　　(3)受溢流量大小、溢流类型、地层流体超临界状态、井漏等多种因素影响，理论上很难确定压井液的用量，基本原则是平推压井液量不应少于环空容积与钻具内容积之和。

　　(4)施工过程中安排专人记录立压/套压变化、排量大小、注入量等参数，并适时计算压井液理论到达井深，每 5min 使用对讲机通报一次。

　　(5)平推法压井易发生卡钻故障，因此，选用的压井液应具有良好的防卡性能。若条件具备，则可适当活动管柱，避免卡钻故障发生。

7.1.8　顺南 5 井平推法压井实例

1. 基本情况

　　顺南 5 井是部署在顺托果勒南古城墟隆起西倾斜坡区构造的一口探井，位于新疆巴音郭楞蒙古自治州且末县境内，主要目的层为奥陶系蓬莱坝组。该井于 2013 年 7 月 19 日五开，8 月 5 日 1:35 钻进至奥陶系蓬莱坝组 7209.8m 发生溢流。顺北 5-3 井于 2018 年 3 月 17 日 2:49 钻进至井深 7384.09m 时发生失返性漏失，降钻井液密度至 $1.35g/cm^3$ 发生溢流，通过密度为 $1.45g/cm^3$ 的钻井液节流循环，出口的钻井液密度为 $1.00\sim1.22g/cm^3$，火焰高度为 3～15m，由于是定容体油气藏，最后用密度为 1.85g/cm³ 的钻井液平推压井成功。根据顺北 5-3 井的压井条件，归纳其工况为：①产层渗透性较好；②井筒内液注压力漏失；③产层下面有漏失层；④压力窗口窄。

2. 软件模拟

表 7.1-6 为顺南 5 井平推法压井实例验证数据。在顺南 5 井压井过程中，井口注入压力呈现增大趋势，泵压达到 24.37MPa 压力尖峰时，环空流体开始压回地层，模拟结果与现场压井数据基本一致；当施工时间达到 142min 时，井底压力为 65MPa，与地层压力相等，与现场压井数据基本一致。钻井液泵入量误差为 4.80%，泵入时间误差为 3.50%，泵压最大误差为 8.70%，与现场施工参数基本一致。顺南 5 井压井计算分析界面如图 7.1-13 所示。

表 7.1-6　顺南 5 井平推法压井实例验证

数据情况	泵入量/m³	泵入时间/min	泵压/MPa			
			12：51～13：01	13：01～14：17	14：17～14：23	14：23～14：08
实际压井	173.00	143	11.61	10.80	6.20	22.00
模拟压井	164.70	138	12.55	11.74	5.77	20.90
误差	4.80%	3.50%	8.10%	8.70%	6.94%	5.00%

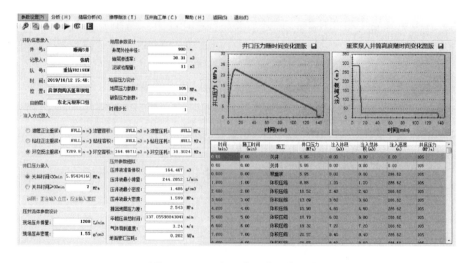

图 7.1-13　顺南 5 井压井计算分析界面

3. 平推法压井施工单

这里以 SB53-2H 井为例，平推法压井施工单如附表 3.1 所示。

4. 平推法压井施工参数输出结果

顺南 5 井平推法压井施工参数输出结果见附表 4.1。

7.2 动力法压井

7.2.1 动力法压井适用条件

动力法压井是属于非常规井控的一种压井方法，主要是借助环空流动摩阻加上液柱压力来平衡地层压力，阻止地层流体进一步向井内流入，实现"动压稳"，之后逐步替入次重钻井液或加重钻井液，最后实现"静压稳"，从而"制服"井喷，对于强烈井喷事故或井口失控的情况，动力法压井比常规压井方法更加具有优越性。

动力法压井的适用范围很广，其与常规压井方法的不同之处就是初始压井液本身密度不足以将事故地层压住，而需借助压井液在事故井环空流动过程中产生的摩擦阻力来平衡事故井地层压力，因此只要满足这一条件，任何压井方法都可以看成动力法压井。在常规压井作业中，也可以通过加大压井排量，从而借助压井液的流动摩擦阻力，使得事故井井底压力大于压井液静液柱压力来进行常规压井作业。

具备下列条件之一的井，可采用动力法压井。

(1)压力高、气量大，泥浆雾化严重，难以有效在环空建立液柱的井。

(2)地层压力不清楚，不能精准确定压井液密度，压井过程中可能压裂地层，导致地层流体更容易进入井筒的井。

(3)地层压力不清楚，不能准确确定压井泥液密度，井下又喷又漏找不到平衡点，压井液密度不能合理确定的井。

(4)节流阀控制能力差，经长时间放喷冲蚀后无法有效节流，套压控制后不能及时有效增加井口回压的井。

(5)压井中途发现防喷管线压力表误差大、主控管线压力表几乎失灵，无法实现压力控制的井。

(6)复合钻具结构，循环阻力大，施工泵压高，地面参与循环的工具器材压力等级受限，满足不了施工大排量情况下最高压力需要的井。

动力法压井的基本原则是保持井底压力大于等于地层压力，小于地层破裂压力与钻柱从井内被喷出的最大许可井底压力之间的最小值，即

$$P_\text{p} \leqslant P_\text{h} + P_\text{l} < \min\left(P_\text{f}, P_{钻柱被喷出}\right) \tag{7.2-1}$$

式中，P_p 为地层压力，MPa；P_h 为环空液柱压力，MPa；P_l 为环空流体流动摩阻，MPa；P_f 为地层破裂压力，MPa；$P_{钻柱被喷出}$ 为钻柱从井内被喷出的最大许可井底压力，MPa。

事故井井底压力为环空流体流动摩阻和环空液柱压力之和，在替入高密度压井液之前，应始终保持初始压井排量循环，在替入高密度压井液后，应及时调整排量，以防地层被压裂。初始压井液密度比地层压力梯度低，次重压井液密度与地层压力梯度相当，加重压井液密度(即终了压井液)的确定原则是确保井底压力低于地层破裂压力与钻柱从井内被喷出的最大许可井底压力之间的最小值。

使用初始压井液进行压井作业时，由于初始压井液密度较低，仅依靠其自身的液柱压力不足以平衡地层压力，因此需要使用较大的压井排量，依靠压井液在事故井环空流动过程中产生的流动摩擦阻力来弥补其静液柱压力的不足，此时井底流动压力为压井液流体在环空流动产生的摩擦阻力加上其静液柱压力，依靠这两部分压力之和来平衡地层压力，从而阻止地层流体进一步进入井筒。

如果初始压井液已经将事故井控制住，这时就可以替入加重压井液，使事故井由"动压稳"状态转向"静压稳"状态。由于初始压井排量一般较大，在替入加重压井液过程中，随着加重压井液进入事故井环空，压井所需排量逐渐减小，但是如果初始压井液密度与加重压井液密度相差过大，则会导致压井所需排量减小过快，从而使压井过程变得难以控制，此时就需要在泵入加重压井液之前泵入次重压井液。次重压井液的密度在初始压井液与加重压井液密度之间，在动力压井作业过程中起到过渡的作用，目的是防止由于压井所需排量降低过快而导致压井作业难以控制，确保压井作业的安全。

当事故井井口已经损坏或事故现场出现井喷失火时，只能通过打救援井进行压井作业。该种情况下为了能更加方便地控制压井过程，通常会在救援井中下入一根油管，通过观察油管压力，可以确定救援井的环空流动阻力和两井之间的连接通道及事故井的流动阻力。由于在压井过程中，油管压力与油管内的液柱压力之和等于救援井的井底压力，所以当救援井环空与油管内充满同一种密度的流体时，油管压力与环空井口泵入压力之差，就是救援井的环空流动阻力。

7.2.2　动力法压井井筒水力学模型

动力法压井的原则：当一定密度的压井液以压井排量进行循环时，环空流体流动的摩阻加上液柱压力大于或等于地层压力，并小于地层破裂压力。这也是计算压井排量的原则。初始压井液一般都采用密度较低的钻井液，有时也会直接用清水进行压井，只要压井排量足够大，就可以通过增大环空流体流动摩阻来弥补其较低的液柱压力。

图 7.2-1 为管中小单元流体分析图。假设压井液是不可压缩的，流道尺寸一定，整个系统所有的摩擦损失都是由压井液与流道壁的作用产生，并且流动过程中绝热，事故井环空半径为 d，在事故井环空任取两个相邻过流断面，两个过流断面的压强分别为 p_1 和 $p_1 - \dfrac{\mathrm{d}p}{\mathrm{d}L}\mathrm{d}L$，$\dfrac{\mathrm{d}p}{\mathrm{d}L}\mathrm{d}L$ 为该两相邻过流断面之间的压降，压井液在事故井井壁处还会受到与流动方向相反的切应力的作用，由于该两相邻过流断面之间存在压井液流动动量守恒和能量守恒，故该两相邻过流断面之间的压力单元可计算如下。

小单元内的流体质量守恒意味着质量流入减去质量流出一定等于积累的质量。对于恒定的横截面积管流，质量平衡方程为

$$\frac{\partial p}{\partial t} + \frac{\partial(\rho \upsilon)}{\partial L} = 0 \tag{7.2-2}$$

对于稳态流没有质量积累，则方程变为

$$\frac{\partial(\rho\upsilon)}{\partial L}=0 \tag{7.2-3}$$

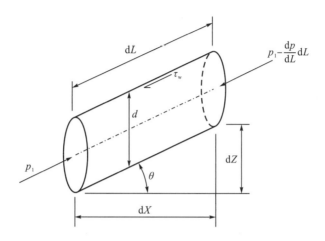

图 7.2-1　管中小单元流体

动量守恒意味着动量流出减去动量流入，再加上动量积累的速率，一定等于所受力的总和。应用牛顿第一定律可得

$$\frac{\partial(\rho\upsilon)}{\partial t}+\frac{\partial(\rho\upsilon^2)}{\partial L}=-\frac{\partial p}{\partial L}-\tau\frac{\pi d}{A}-\rho g\sin\theta \tag{7.2-4}$$

对于稳流状态，可以消除动量积累的速率。结合质量平衡方程和动量平衡方程求解压力梯度，可得

$$\frac{\mathrm{d}p}{\mathrm{d}L}=-\tau\frac{\pi d}{A}-\rho g\sin\theta-\rho\upsilon\frac{\mathrm{d}\upsilon}{\mathrm{d}L} \tag{7.2-5}$$

因此，井筒中对于一个小单元的压力梯度可以计算如下：

$$\left(\frac{\mathrm{d}p}{\mathrm{d}L}\right)_{\mathrm{t}}=\left(\frac{\mathrm{d}p}{\mathrm{d}L}\right)_{\mathrm{f}}+\left(\frac{\mathrm{d}p}{\mathrm{d}L}\right)_{\mathrm{el}}+\left(\frac{\mathrm{d}p}{\mathrm{d}L}\right)_{\mathrm{acc}} \tag{7.2-6}$$

式中，下标 f 表示摩擦项；下标 el 表示海拔项或静压头；下标 acc 表示加速度项；下标 t 表示给定井深下的总压降。符号正负取决于井筒所取单元体的方向和流动的方向，在与流速方向相反时摩擦和加速度项将取正号；如果单元体是随着井筒深度的增加而增加，则静压项将取正号。加速度项常常被忽略。但是，若井筒中存在可压缩气体，则加速度项就会因为气体接近地面时发生膨胀而变得十分重要。

以上分析是建立在压井作业过程中整个水力学循环系统中只含有同一种密度流体的情况下，对于压井作业水力学循环系统中存在两种不同密度流体的情况，由于流体密度的差异，将会在井筒中产生附加压降，因此对于泵入次重压井液或加重压井液过程时，井筒中的压力梯度将变为如下形式：

$$\left(\frac{\mathrm{d}p}{\mathrm{d}L}\right)_{\mathrm{t}}=\left(\frac{\mathrm{d}p}{\mathrm{d}L}\right)_{\mathrm{f}}+\left(\frac{\mathrm{d}p}{\mathrm{d}L}\right)_{\mathrm{el}}+\left(\frac{\mathrm{d}p}{\mathrm{d}L}\right)_{\mathrm{acc}}+\left(\frac{\mathrm{d}p}{\mathrm{d}L}\right)_{\Delta\rho} \tag{7.2-7}$$

$$\left(\frac{\mathrm{d}p}{\mathrm{d}L}\right)_{\Delta\rho} = 0.00981\Delta\rho\left(H-h\right) \tag{7.2-8}$$

式中，$\left(\dfrac{\mathrm{d}p}{\mathrm{d}L}\right)_{\Delta\rho}$ 为由于密度差异而产生的附加压降；$\Delta\rho$ 为压井作业水力系统中两种流体的密度差；H 为事故井垂深；h 为不同密度的流体界面距井底的距离。

7.2.3 牛顿压井液摩阻计算模型

压井液为牛顿流体时，$Re<2000$ 是层流，$Re\geqslant2000$ 是紊流。

牛顿流体管内流雷诺数计算：

$$Re = \frac{\rho d_i v}{\mu} \tag{7.2-9}$$

牛顿流体环空流雷诺数计算：

$$Re = \frac{\rho\left(D-d\right)v}{\mu} \tag{7.2-10}$$

牛顿流体层流流态下管内流摩阻计算：

$$p_{ci} = 40.7437\frac{L\mu Q}{d_i^4} \tag{7.2-11}$$

牛顿流体层流流态下环空流摩阻计算：

$$p_{co} = 61.1155\frac{L\mu Q}{\left(D-d\right)^3\left(D+d\right)} \tag{7.2-12}$$

牛顿流体管内流紊流流态下摩阻计算：

$$p_{ci} = \lambda\frac{L}{d_i}\frac{v^2}{2g} \tag{7.2-13}$$

牛顿流体环空流紊流流态下摩阻计算：为解决环空流牛顿流体紊流流态下的摩阻压降计算问题，可以利用牛顿流体紊流管内流摩阻压降公式，只需将管内流公式中的管径用水力直径代替即可。

水力直径等于 4 倍的过流断面面积除以湿周，即

$$d_h = 4\times\frac{\text{过流断面面积}}{\text{湿周}} = \frac{\left(D-d\right)}{2} \tag{7.2-14}$$

环空流摩阻压降为

$$p_{co} = \lambda\frac{L}{d_h}\frac{v^2}{2g} = \lambda\frac{L}{\left(D-d\right)}\frac{v^2}{g} \tag{7.2-15}$$

式中，λ 为摩阻系数。

牛顿流体流态判别公式如下。

当 $3000<Re\leqslant\dfrac{59.7}{\varepsilon^{8/7}}$ 时，为水力光滑区：

$$\lambda = \frac{0.3164}{\sqrt[4]{Re}} \tag{7.2-16}$$

当 $\dfrac{59.7}{\varepsilon^{8/7}} < Re \leqslant \dfrac{665 - 765 \lg \varepsilon}{\varepsilon}$ 时，为混合摩擦区：

$$\frac{1}{\sqrt{\lambda}} = -1.8 \lg \left[\frac{6.8}{Re} + \left(\frac{\varDelta}{3.7d} \right)^{1.11} \right] \tag{7.2-17}$$

当 $Re > \dfrac{665 - 765 \lg \varepsilon}{\varepsilon}$ 时，为水力粗糙区：

$$\lambda = \frac{1}{\left(2 \lg \dfrac{3.7d}{\varDelta} \right)^2} \tag{7.2-18}$$

式中，$\varepsilon = \dfrac{2\varDelta}{d}$；$\varDelta$ 为粗糙度，mm。

钻杆与套管之间的粗糙度为 0.04572，裸眼井段粗糙度为 2.54，钻具与裸眼井段环空的粗糙度计算公式为

$$\varDelta = \left(\frac{0.00004572 d_{\mathrm{o}} + 0.00254 D}{(d_{\mathrm{o}} + D)(H - H_{\mathrm{s}}) + 0.00004572 H_{\mathrm{s}}} \right) \bigg/ H \tag{7.2-19}$$

式中，d_{o} 为钻具外径，m；D 井筒直径，m；H_{s} 套管下深，m；H 为井深，m。

7.2.4　宾厄姆压井液摩阻计算模型

压井液为宾厄姆(Bingham)流体时，$Re < 2000$ 是层流，$Re \geqslant 2000$ 是紊流。

管内流雷诺数计算：

$$Re = \frac{10 \rho d_{\mathrm{i}} v}{\eta \left(1 + \dfrac{\tau_{\mathrm{o}} d_{\mathrm{i}}}{600 \eta v} \right)} \tag{7.2-20}$$

环空流雷诺数计算：

$$Re = \frac{10 \rho (D - d) v}{\eta \left(1 + \dfrac{\tau_{\mathrm{o}} (D - d)}{800 \eta v} \right)} \tag{7.2-21}$$

管内流层流流态下的摩阻计算：

$$p_{\mathrm{ci}} = 518.4 \frac{\rho L Q^2}{Re d_{\mathrm{i}}^5} \tag{7.2-22}$$

环空流层流流态下的摩阻计算：

$$p_{\mathrm{co}} = 777.6 \frac{\rho L Q^2}{Re (D - d)^3 (D + d)^2} \tag{7.2-23}$$

管内流紊流流态下的摩阻计算：

$$p_{\mathrm{ci}} = 2.5628 \frac{\rho L Q^2}{Re^{0.25} d_{\mathrm{i}}^5} \tag{7.2-24}$$

环空流紊流流态下的摩阻计算：

$$p_{\text{co}} = 2.5628 \frac{\rho L Q^2}{Re^{0.25}(D-d)^3(D+d)^2} \qquad (7.2\text{-}25)$$

流变参数计算：

$$\begin{cases} \eta = (\varphi_{600} - \varphi_{300}) \times 10^{-3} \\ \tau_{\text{o}} = 0.479(2\varphi_{300} - \varphi_{600}) \end{cases} \qquad (7.2\text{-}26)$$

式 (7.2-20) ～式 (7.2-26) 中，p_{ci}、p_{co} 分别为管内和环空摩阻压降，MPa；D、d、d_{i} 分别为井筒直径、管柱外径和管柱内径，cm；L 为管路计算长度，m；Q 为压井排量，L/s；ρ 为初始压井液密度，g/cm^3；η 为塑性黏度，Pa·s；τ_{o} 为动切力，Pa；φ_{600} 为旋转黏度计转速为 600r/min 时的读数；φ_{300} 为旋转黏度计转速为 300r/min 时的读数。

7.2.5　幂律压井液摩阻计算模型

当压井液为幂律流体时，$Re \geqslant (3470 - 1370n)$ 时为紊流。

管内流雷诺数计算：

$$Re = \frac{10 \times 800^{1-n} \rho d_{\text{i}}^n v^{2-n}}{K \left(\dfrac{3n+1}{4n} \right)^n} \qquad (7.2\text{-}27)$$

环空流雷诺数计算：

$$Re = \frac{10 \times 1200^{1-n} \rho (D-d)^n v^{2-n}}{K \left(\dfrac{2n+1}{3n} \right)^n} \qquad (7.2\text{-}28)$$

管内流层流流态下的摩阻计算：

$$p_{\text{ci}} = 777.6 \frac{\rho L Q^2}{Re\, d_{\text{i}}^5} \qquad (7.2\text{-}29)$$

环空流层流流态下的摩阻计算：

$$p_{\text{co}} = 777.6 \frac{\rho L Q^2}{Re(D-d)^3(D+d)^2} \qquad (7.2\text{-}30)$$

管内流紊流流态下的摩阻计算：

$$p_{\text{ci}} = 32.4 \frac{a \rho L Q^2}{Re^b d_{\text{i}}^5} \qquad (7.2\text{-}31)$$

环空流紊流流态下的摩阻计算：

$$p_{\text{co}} = 32.4 \frac{a \rho L Q^2}{Re^b (D-d)^3(D+d)^2} \qquad (7.2\text{-}32)$$

式中，$a = \dfrac{\lg n + 3.93}{50}$；$b = \dfrac{1.75 - \lg n}{7}$；$n = 3.322 \lg \dfrac{\varphi_{600}}{\varphi_{300}}$；$n$ 为流性指数，无因次；$K = \dfrac{0.511 \varphi_{300}}{511^n}$，为稠度指数，Pa·s。

7.2.6　钻头压降计算模型

$$p_b = \frac{\rho Q^2}{20c^2 A_0{}^2} \qquad (7.2\text{-}33)$$

式中，p_b 为钻头压降，MPa；A_0 为喷嘴出口截面积，cm^2；c 为喷嘴流量系数。

7.2.7　溢流压井关键参数设计

1. 初始压井液密度确定方法

理想的初始压井液密度确定方法所依据的原则：当该密度的压井液以压住井所需的排量循环时，气体进入液体所增加的流动阻力与由此所减少的液柱压力相等。

流体流动摩阻如下：

$$P_1 = \frac{2f\rho v^2}{gd}L = \frac{2f\rho L}{gd}\frac{Q^2}{A^2} \qquad (7.2\text{-}34)$$

设 ϕ_g 为单位时间通过井横截面的气体体积与总的流体体积之比，则应有

$$\rho_q = \rho_m\left(1-\phi_g\right) + \rho_g\phi_g \qquad (7.2\text{-}35)$$

$$v_q = \frac{v_u}{1-\phi_g} \qquad (7.2\text{-}36)$$

式中，ρ_q、v_q 分别表示混合流体的密度和流速；ρ_m、v_u 为初始压井液的密度和流速；ρ_g 为气体密度。

设井底压力为 p_b，则有

$$p_b = 9.8\rho_q H + p_{lq} = 9.8\rho_m\left(1-\phi_g\right)H + 9.8\rho_g H\phi_g + \frac{2f\rho_m L}{gd}\frac{v_u^2}{\left(1-\phi_g\right)^2} \qquad (7.2\text{-}37)$$

将式(7.2-37)对 ϕ_g 进行求导，由于 ρ_g 较小，因此可以忽略不计。

$$\frac{\mathrm{d}p_b}{\mathrm{d}\phi_g} = \frac{4f\rho_m L}{gd}\frac{v_u^2}{\left(1-\phi_g\right)^3} - 9.8\rho_m H \qquad (7.2\text{-}38)$$

由于压井的原则就是环空流体流动时的摩阻加上液柱压力大于等于地层压力，故应满足：

$$p_p = 9.8\rho_m H + p_1 \qquad (7.2\text{-}39)$$

整理得

$$p_p \leqslant 9.8\rho_m H + \frac{9.8\rho_m H}{2} \qquad (7.2\text{-}40)$$

2. 排量确定方法

通过压井液在事故井中摩阻加上液柱压力等于地层压力,使得地层流体不再向事故井中流入而压住事故井。事故井井筒中流体流动阻力如下。

当压井液为牛顿流体时,流动阻力为

$$p_{ci} = 8\lambda \frac{L}{D^5} \frac{Q^2}{g\pi^2} \tag{7.2-41}$$

当压井液为宾厄姆流体时,流动阻力为

$$p_{ci} = 2.5628 \frac{\rho L Q^2}{Re^{0.25} D^5} \tag{7.2-42}$$

当压井液为幂律流体时,流动阻力为

$$p_{ci} = 32.4 \frac{a\rho L Q^2}{Re^b D^5} \tag{7.2-43}$$

根据压井原理,同理可得当压井液为牛顿流体时,压井排量范围为

$$Q \geqslant \sqrt{\frac{g\pi^2 D^5 (p_p - \rho g H)}{8\lambda L}} \tag{7.2-44}$$

$$Q < \sqrt{\frac{g\pi^2 D^5 (p_f - \rho g H)}{8\lambda L}} \tag{7.2-45}$$

当压井液为宾厄姆流体时,压井排量范围为

$$Q \geqslant \sqrt{\frac{p_p - \rho g H}{2.5628 \dfrac{\rho L}{Re^{0.25} D^5}}} \tag{7.2-46}$$

$$Q < \sqrt{\frac{p_f - \rho g H}{2.5628 \dfrac{\rho L}{Re^{0.25} D^5}}} \tag{7.2-47}$$

当压井液为幂律流体时,压井排量范围为

$$Q \geqslant \sqrt{\frac{p_p - \rho g H}{32.4 \dfrac{a\rho L}{Re^b D^5}}} \tag{7.2-48}$$

$$Q < \sqrt{\frac{p_f - \rho g H}{32.4 \dfrac{a\rho L}{Re^b D^5}}} \tag{7.2-49}$$

7.2.8 动力法压井施工准备

1. 压井组织与技术准备

(1)采用动力法压井前,应研判动力法压井的可行性,分析动力法压井的风险。

(2)成立压井的组织机构,明确职责分工,制定并落实动力法压井安全技术措施。

(3)组织压井施工作业骨干人员进行动力法压井安全技术措施交底。

2. 压井液的准备

(1)加重压井液准备。地面准备的加重压井液有效使用量不少于井筒容积的 2 倍；必要的加重材料、堵漏材料和压井液添加剂等。

(2)原井浆准备。地面准备原井浆至少是井筒容积的 1 倍。

(3)清水准备。地面水池或储备罐储备充足，供水能力达到压井要求。

3. 压井设备、设施准备

(1)采用钻井队泥浆泵作为动力压井应做好如下准备。

①泥浆泵缸套、活塞、安全阀限压、高压闸门的开关、管线的连接，以及泥浆泵工况情况能满足压井的需要。

②为泥浆泵提供动力的传动系统、气源系统、动力系统以及循环系统等满足压井的需要。

③现场泥浆泵均应能够正常使用。

(2)恶性溢流井喷采用动力法压井，推荐采用压裂车组进行压井。采用压裂车作为动力压井应做好如下准备。

①根据压井施工需要，应根据压井排量、压裂车车况、预计压井作业时间等因素，确定压裂车数量，备用压裂车数量不少于一台。

②压裂车、供液车、供液撬、仪表车、高压管汇等压井设备布置应合理；与压裂车配套的压井液供应系统、供水(系统)应满足压井的需要。

③与压井有关的装备设施安装到位，固定牢固，试压合格后，绘制现场压井装备设施示意图。

④参与压井施工的所有作业人员，应清楚本岗位在压井施工过程中可能遇到的异常情况及解决方法、压井施工注意事项、压井闸阀(流程)的倒换程序和要求，以及工作联络信号与指示要求等。

(3)压井辅助装备设施的准备如下。

①供水设施运转良好，供水能力应达到压井排量的 1.5 倍以上，有专人负责供水。

②供电能够满足压井的需要，有专人负责供(停)电相关工作。

③压井过程中，废弃的压井液能够及时回收处理。

④排风系统工作正常，根据现场施工要求，满足排除有毒有害气体的需要。

⑤点火装置设施不少于 3 种，且性能可靠，专人在安全位置负责点火工作。

4. 压井现场场地等条件的准备

(1)根据压井施工作业需要准备相应的场地，满足压井施工车辆通行以及施工作业的需要。

(2)钻台与压井无关的工具器材应进行必要的清理。

(3)若井内钻杆较少，需要固定钻杆，则推荐做法如下。

①用手动锁紧装置将半封闸板锁紧。

②用钻杆死卡将钻杆固定，与钻杆死卡配套的钢丝绳不应少于 4 根，钢丝绳直径不小于 22mm。

③无关人员应远离井场，并在安全区域集中待命。

④刹把应锁死，与压井施工作业无关的设备设施应关停。

5. 压井其他准备要求

(1) 消防设施器材的准备：根据现场消防需要，准备相应的消防设施和器材。必要的灭火器、消防沙、消防毯、消防水龙带应准备到位，有专人负责消防器材的管理以及消防工作。必要时，应准备消防车。

(2) 气防设施的准备：根据压井的需要，现场应配备必要的可燃气体监测仪(不少于 2 台)、二氧化硫监测仪(不少于 2 台)、硫化氢监测仪(不少于 15 台)，以及有毒有害气体检测仪和正压式空气呼吸器、风向标、风扇等气防设施，其配备标准应满足压井施工的需要。

(3) 通信联络准备。

①现场应准备良好的通信系统，必要时，应协调地方通信部门参与压井通信工作。

②参加压井的所有人员应人手 1 台对讲机，根据指挥压井需要，明确有关工种(岗位)对讲联络频道。

③参与压井作业的有关人员应熟悉压井手势信号、声音信号、图标指示等压井施工指挥信号内涵。

(4) 充分考虑压井时的气象条件，准备充足的探照灯，满足夜间压井施工作业、放喷点火、应急疏散的需要。

(5) 压井施工作业前，参与压井的设备应安装、试压合格。

(6) 压井前，应绘出井场平面、设备布局，井口装置、节流(压井)管汇，以及参与压井施工作业的相关车辆摆放、管线连接示意图。参与压井作业的有关人员应清楚施工作业现场的消防通道、应急撤离通道，消防通道、应急撤离通道应畅通。

(7) 实施压井施工作业前，应根据现场实际情况，进行必要的防火、防爆和应急疏散演练。

(8) 压井前，应划定施工作业风险区，并进行必要的警戒，无关人员应撤离到安全区。

(9) 压井施工作业前，放喷口周边应清障，与压井施工作业无关的人员应撤离。

(10) 进入井场的道路应实施必要的警戒。根据硫化氢检测情况设置三级安全警戒，并按照以下要求执行。

①一级警戒区(距离井口 300m)应路口设卡，严格控制人员和车辆，凭通行证进入井场，非施工人员不应入内，不应有烟火；进入一级警戒区域内的所有人员登记签名，并应交出火种、关闭手机，不应携带照相机和摄像机等物品。

②二级警戒区(距离井口 200m)内非应急人员及车辆不应入内，应急人员及车辆凭通行证进入并登记。

③三级警戒区(距离井口 100m)内的群众应疏散。

7.2.9 救援井的施工要求

若需要通过救援井实现动力法压井，则救援井应满足以下条件。

(1)在事故井附近打救援井应尽量接近事故井的井眼。

(2)救援井井位应在盛行风的上方。

(3)救援井定向截断点应在井喷层的顶部，可用酸化和压裂法使两井沟通。

7.2.10 动力法压井基本步骤

动力法压井施工前的准备工作流程如图 7.2-2 所示。

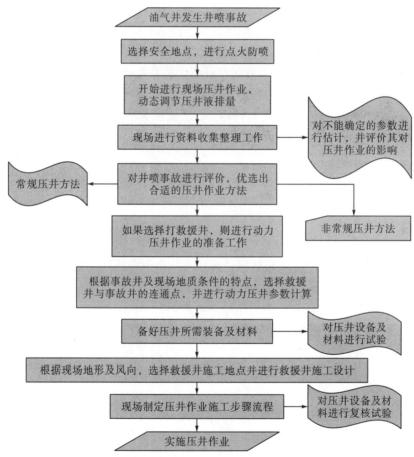

图 7.2-2 压井施工前的准备工作流程图

1. 通过事故井实施压井作业

(1)根据现场数据，计算动力法压井参数，包括压井液密度、排量、泵功率等，若地层破裂压力低，则可直接采用清水做压井液。

(2)通过管柱将压井液以计算好的排量或以井底压力不致超过地层破裂压力的排量泵入井内。

(3)压井过程中，应根据模拟计算的结果，根据情况动态调节压井液排量，以保持井壁稳定。

(4)浅层气完全排出井筒、成功压井后，注水泥塞封住高压浅层气地层。

(5)重新钻至浅气层顶部，停钻、固井，安装防喷器。

(6)选用密度合适的钻井液，钻穿浅层气，继续钻井作业。

(7)施工平台着火，应确保人员安全撤离。

2. 通过救援井实施压井作业

(1)在事故井的上风区钻救援井，应用测量仪器及导向钻井系统使两井眼连通，可通过压裂等方式，检查两井眼是否有效连通。

(2)通过救援井以动力法压井排量向事故井中注入初始压井液，如果事故井中有钻具，且钻柱被喷出的压力小于地层破裂压力，则应限制压井排量为不至于把钻柱从事故井中喷出的排量进行压井，在压井作业期间要注意观察救援井中的压力变化情况。

(3)在动力法压井排量下，使用初始压井液成功地压住事故井后，可向事故井中替入次重压井液，为避免地层流体再次进入井内，在次重压井液到达环空之前，应该始终保持原压井排量不变。

(4)当次重压井液进入环空时，应适当调整压井排量，调整的原则是始终保持事故井井底压力介于地层压力与地层破裂压力之间。在此期间应通过观察救援井内压力进行操作。

(5)当次重压井液充满事故井井筒后，应观察一段时间，以确保事故井已被完全压住。

(6)替入加重压井液，在加重压井液到达环空之前，应保持次重压井液压井排量不变，同时观察救援井内油管压力。

(7)加重压井液进入环空，根据救援井内油管压力调整压井排量，原则依然是始终保持事故井井底压力介于地层压力与地层破裂压力之间。

(8)当加重压井液充满事故井环空时，应该继续以低排量循环一段时间，并注意观察，确保事故井被压住。如果事故井内已经没有天然气继续流出，则表明事故井已经被压住，这时可以停泵。有时因热膨胀原因，井口会出现压井液缓慢外溢的情况。

(9)事故井完全压住后，方可进行换装事故井井口等相关工作。

7.2.11　动力法压井施工注意事项

(1)压井排量应在计算出来的最小压井排量和最大压井排量之间选择，最大排量不应超过现场设备许用的最大排量。

(2)若压井排量不可以调节，则应对压井液密度进行调整。

(3)若现场压井液使用较少，则可在压井排量范围内尽量加大压井排量。

(4)压井排量不应小于计算出的最小压井排量。

(5)压井过程中，不应中途停泵。

（6）在压井初始阶段，应施加一定的井口回压来控制地层流体进入井筒，所施加的井口回压不应超过井口安全压力。

7.2.12　清溪1井动力法压井实例

1. 基本情况

清溪1井是一口预探井，位于四川省宣汉县清溪镇七村3组，构造上位于四川盆地川东断褶带清溪构造高点，设计井深5620m，主探石炭系储层，兼探嘉陵江组、飞仙关组、长兴组、茅口组及陆相层系，中志留统韩家店组完钻。

2. 软件模拟

该井于2006年1月11日23：00一开，2月28日7：15二开，7月10日20：00三开，12月17日4：00四开，12月20日钻至井深4285.38m发生气层溢流、导流放喷，钻头位置4275.00m。经过五次压井施工，于2007年1月3日压井封井成功。清溪1井压井计算分析界面如图7.2-3所示。

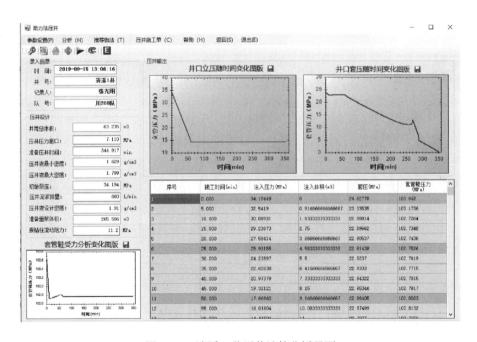

图 7.2-3　清溪1井压井计算分析界面

3. 动力法压井施工参数输出结果

动力法压井施工参数输出结果见附表4.2。

7.3 置换法压井

7.3.1 置换法适用条件

井喷关井后，若天然气已上升至井口或者整个井眼被喷空充满天然气，在不能用平推法压井时就需要用置换法压井[25]。其原理是，在关井情况下和确定的套管上限与下限压力范围内，分次注入一定数量的压井液、分次放出井内气体，直至井内充满压井液，完成压井作业。该方法的关键是注入和放出气体时应始终保持井底压力略大于地层压力。

具备下列条件之一的井，可采用置换法压井。

(1)油套不连通，不能建立循环的井。

(2)井内没有管柱，空井条件下发生气体溢流或井喷。

(3)管柱不在井底，因各种原因继续下钻有困难的井。

(4)钻井或井下作业过程中管柱断裂，且断裂位置较高的井。

(5)天然气上升至井口或井眼喷空充满天然气的井。

(6)采用平推法压井，井口压力超过套管抗内压强度或井口装置额定工作压力的井。

(7)压力窗口较窄的井。

7.3.2 置换法压井计算模型

置换法压井过程中，明确井内气体运移规律和压井流体在井筒中的下落规律是确保该方法实施成功的关键。溢流关井后，气侵气体在井底或近井口处进入井筒。气侵气体的密度比井筒内液相的密度小很多，密度差使密度小的气体在液体中向上运移。溢流关井后，由于井筒中液相和井筒的刚性大，气体不能膨胀，气侵气体携带圈闭压力一起向上运移。该气体(泡)上移速度取决于井筒截面积、气液相对密度差、井筒内液相的流变性、气泡的形状。当气泡在 $t=t_1$ 时刻处在井底时，系统压力为 P_H。当 $t=t_2$ 时，在井筒及井筒内液相为刚性假设条件下，气泡运移到 H_1。由上述假设和气体定律可知，在 $t=t_2$ 时，气泡底部的压力与井底压力增量皆为 ΔP。当 $t=t_2$ 时，气泡底部从井筒底部上升到 H_1 处时，忽略气体自重，则井底压力为 $P_P+\Delta P$。

$$P_B = P_P + 0.00981\rho_m H_1 = P_P + \Delta P \tag{7.3-1}$$

式中，P_P 为地层压力，MPa；ΔP 为 $t=t_2$ 时刻井口压力 P_{a2} 与 $t=t_1$ 时井口压力 P_{a1} 的差，即 $\Delta P = P_{a2} - P_{a1}$，MPa；$H_1$ 为气泡上运移高度，m；P_{a1} 为 $t=t_1$ 时的井口压力，MPa；P_{a2} 为 $t=t_2$ 时的井口压力，$P_{a2} = P_p - 0.00981\rho_m(H-H_1)$；$H$ 为井深，m；ρ_m 为井筒内流体密度，g/cm^3。

可求得

$$H_1 = \frac{P_{a2} - P_{a1}}{0.00981\rho_m} \tag{7.3-2}$$

气泡上升运移速度 V_g 为

$$V_g = \frac{H_1}{t_2 - t_1} \tag{7.3-3}$$

式中，t_1 为初始井口压力参数时刻，s；t_2 为井口压力上升到 P_{a2} 的时刻，s。

溢流关井后，记下井口压力变化和相应的时刻，可计算出气泡的上窜运移速度和在井筒中的井深位置。也可以作为在置换法压井中的放压时间。质点在气体或液体介质中运动时，介质的阻力是影响质量运动的重要因素之一，介质阻力与质点下沉速度的平方成反比。置换法压井中，压井液在气井中下沉形成静液柱压力，逐步替换井筒中的天然气，因此压井液在天然气井筒中的沉降可以将压井液视为连续质点在阻尼介质中的自由下落问题。

流体在垂直下落过程中，作用在流体上的力有重力 P、浮力 F、介质阻力 S，由实验知道在常见的速度范围内，阻力与质点下沉速度成反比，且与介质的重度 r_2 及垂直于其降落方向的横截面积 A 有关，可表示为

$$S = \frac{Ar_2V^2}{2g} = \frac{ud^2r_2V^2}{8g} \tag{7.3-4}$$

式中，u 为无因次常数，即阻力系数。

取沿井深为坐标轴 X，可建立流体微团的运动微分方程：

$$\frac{P}{g}X'' = P - F - S \tag{7.3-5}$$

或

$$x'' = g\left(1 - \frac{r_2}{r_1}\right) - \frac{3ur_2V^2}{4dr_1} \tag{7.3-6}$$

式中，r_1、r_2 分别为液体、气体的重度；d 为微团的视直径；g 为重力加速度；V 为微团沉降速度。

质点(流团)在沉降过程中的运动与真空中不同。在真空中质点下落的加速度为 g，而在阻力介质(空气、液体)中，因阻力 S 与 V^2 成正比，因此当质点速度增大时，其所受阻力也增大。质点加速度减小。当质点下沉速度达到致使其重力与浮力及阻力之和相平衡 ($P=S+F$) 时，质点将等速下沉。显然这一速度是质点在阻力及介质中运动获得的最大下沉速度。

质点在等速下落时，$X''-0$，可得

$$V_E = \sqrt{\frac{4gd(r_1 - r_2)}{3ur_2}} \tag{7.3-7}$$

当液团的重度越大和介质的重度越小时，终了沉降速度越大，质点(液团)在介质(气井中)中沉降的时间越短，令

$$\beta = \frac{3ur_2}{4dr_1} \tag{7.3-8}$$

方程化简为

$$X'' = \frac{\mathrm{d}v}{\mathrm{d}t} = \beta(V_E^2 - V^2) \tag{7.3-9}$$

由初始条件，$t=0$，$V=0$，求解方程(7.3-9)得

$$\int_0^V \frac{\mathrm{d}v}{V_E^2 - V^2} = \int_0^V \beta \mathrm{d}t \tag{7.3-10}$$

积分得

$$U = V_E th V_E \beta t \tag{7.3-11}$$

由得出的 V 与 t 的关系曲线可知，当气体压缩系数 $C_{Bt}=3.8$ 时，$U=0.999V_E$，即在极短时间内，液团可达到终了沉降速度。因此液团的下沉速度可按终了沉降速度计算。

7.3.3 置换法压井计算步骤

(1) 由关井压力确定地层压力：

$$P_p = P_d + 0.00981\rho H \tag{7.3-12}$$

(2) 设计压井液密度：

$$\rho_k = \frac{P_a + 0.00981\rho H}{0.00981H} + \Delta\rho \tag{7.3-13}$$

(3) 根据裸眼井段地层破裂压力、井口装置允许压力和套管抗内压强度确定压井过程中允许的最大井口压力 P_{amax}。

(4) 计算井筒容积，按井筒容积的 1.5～2.0 倍配制压井液密度。

(5) 计算一次泵入井筒的压井液体积 ΔV_i。

(6) 计算 ΔV_i 下沉时间 t_i。

(7) 计算井口压力 P_{ai}。

(8) 重复上述过程，逐步降低井口压力，直至 $P_a=0$。

天然气的压力控制过程中必须维持井底压力始终大于地层压力而不让地层流体进入井筒。整个过程是一个液气互换过程。因此在这个过程中必须严格准确地计算、记录进出流体的量和井口、井筒的变化。

(1) 置换法压井过程必须恒定保持井底压力 P_b 等于或大于地层压力，即

$$P_b - P_p = \Delta P \geqslant 0.7\sim1.4\text{MPa} \tag{7.3-14}$$

(2) 排放液时，套压不能低于初始关井压力 P_{ai}。

(3) 注入压井液的过程中，严格控制套压不超过允许井口最大压力 P_{amax}。

(4) 压井液黏度要低，因为低黏度的压井液能快速通过气顶下沉，而液柱下的气也能快速通过。

置换法压井是一种非常规井控技术。在井喷后，井内主要为气体，无法采用其他压井方法时，就需要采用该技术。置换法压井的操作步骤如下。

(1) 调节井口压力，在压井作业流程中将该压力作为基准值。

(2) 注入压井液 ΔV_1，记录注入时间、注入量、注入压力。观测并记录关井压力变化。当注入压井液下落至井底后，排气。

(3) 当井口压力降至基准压力后关井，记录排气时间、排气过程压力变化值、排出液相体积。重复上述程序，直至井口压力为零。

(4)绘制压井过程注入压井液量V_m、井口压力P_a、排出液量V_0与时间t的关系曲线。

7.3.4　地层压力和气体高度的计算

第一次关井：当发现溢流时，进行第一次关井，关井后记录套压表的读值P_{a1}，这时气体进入环空底部。

当没有气体侵入时，钻井液静液柱压力应该与地层压力平衡，即

$$P_p = 0.00981\rho_m H \tag{7.3-15}$$

式中，P_p为地层压力，MPa；ρ_m为钻井液密度，g/cm³；H为井深，m。

开始发现溢流时，进行关井。泥浆池所增加的体积为ΔV_1，气侵的气柱高度为

$$H_g = \frac{\Delta V_1}{0.785 D^2} \times 10^6 \tag{7.3-16}$$

式中，H_g为气侵的气柱高度，m；ΔV_1为泥浆池增加的泥浆体积，m³；D为井筒直径，m。

这时气体上部钻井液静液柱压力为

$$P_{m1} = 0.00981\rho_m \left(H - H_g \right) \tag{7.3-17}$$

预计环空压力(套管鞋在H_c处)为

$$P_c = \frac{B}{2} + \sqrt{\frac{B^2}{4} + C} \tag{7.3-18}$$

其中，

$$\begin{cases} B = P_p - 0.00981\rho_m \left(H - H_c \right) \\ C = \dfrac{0.00981 P_p \rho_m V_k}{A} \\ A = 0.785 D^2 \times 10^{-6} \end{cases} \tag{7.3-19}$$

式中，P_c为在井深H_c处的环空压力，MPa；H_c为套管下入深度，m；V_k为每次泥浆池钻井液的增量，m³；A为环空横截面积，m²；D为井筒直径，m。

预计环空压力必须小于套管鞋处的破裂压力，即

$$P_c < P_{an} \tag{7.3-20}$$

$$P_{an} = G_c H_c \tag{7.3-21}$$

式中，P_{an}为套管鞋处的破裂压力，MPa；G_c为套管鞋处地层破裂压力梯度，MPa/m。

套压升高的限制条件：随着关井时间的增加，气体将滑脱上移，套压将升高，升高到一定值时就必须开井，而开井的必要充分条件有套压大于防喷器的额定工作压力，套管鞋承受的压力大于套管鞋的破裂压力。

气体状态方程的运用：由于从最开始关井(t_1时刻)到第一次开井前的一刻(t_2时刻)气体体积是不变的($\Delta V_1 = \Delta V_2$)，所以由气体状态方程得

$$\frac{\left(P_{a1} + P_{m1} \right) \Delta V_1}{T_{g1}} = \frac{\left(P_{a2} + P_{m2} \right) \Delta V_2}{T_{g2}} = \text{Const} \tag{7.3-22}$$

式中，P_{a1}、P_{a2}分别为t_1、t_2时刻对应的套压值，MPa；P_{m1}、P_{m2}分别为t_1、t_2时刻对应

的气顶上部的静液柱压力，MPa；T_{g1}、T_{g2} 为分别为 t_1、t_2 时刻对应的气柱中心的热力学温度，K。

方程(7.3-22)中的 P_{a1}、P_{a2} 已知，则可以求得

$$P_{m1} = 0.00981\rho_m (H - H_{m1}) \tag{7.3-23}$$

$$T_{g1} = 273 + T_0 + G_T\left(H - H_{m1} + \frac{H_{g1}}{2}\right) \times 10^{-3} \tag{7.3-24}$$

式中，H_{m1} 为 t_1 时刻对应的气顶距井底的高度，m；H_{g1} 为 t_1 时刻对应的气柱高度，m。

而第一次关井时刻：

$$H_{m1} = H_{g1} = \frac{\Delta V_1}{0.785D^2} \times 10^6 \tag{7.3-25}$$

$$P_{m2} = 0.00981\rho_m (H - H_{m2}) \tag{7.3-26}$$

$$T_{g2} = 273 + T_0 + G_T\left(H - H_{m2} + \frac{H_{g1}}{2}\right) \times 10^{-3} \tag{7.3-27}$$

式中，H_{m2} 为 t_2 时刻对应的气顶距井底的高度，m。

这时的 P_{m2}、T_{g2} 都用 H_{m2} 表示出来了，现在就只有一个未知数 H_{m2}，解出 H_{m2}，进而就解出了 P_{m2}、T_{g2} 的值。在 t_1 与 t_2 之间的任何时刻都应该满足气体状态方程，每个时刻都对应一个套压值，而这些套压值都在一条直线上。t_2 时刻对应的这个值就是一个临界值，也就是这一阶段套压允许上升的最大值，而下一时刻就必须开井放浆，这时的套压就会下降。

7.3.5 开井时排出体积的限制条件

开井排出一定体积的钻井液，允许气体膨胀以降低套压和井底压力。而排出的钻井液体积也是有限制的。因为排出多了就会导致井底压力小于地层压力而发生井喷，也就是必须满足：

$$P_a + 0.00981\rho_m\left(H - \frac{\Delta V}{A}\right) \geqslant P_p + P_s \tag{7.3-28}$$

式中，P_a 为套压，MPa；P_p 为地层压力，MPa；P_s 为附加的安全系数，MPa，ΔV 为气体的体积，m^3；A 为环空横截面积，m^2。

可以由气体体积减去上次的气体体积，得到的体积就是这次最多应该排出的钻井液体积，这次允许气体膨胀多大的体积，此刻也对应一个套压值，这一时刻为 t_3。也就是这一时刻的套压值为放钻井液这段时间套压的最小值。根据气体状态方程有

$$\frac{(P_{a3} + P_{m3})\Delta V_3}{T_{g3}} = \text{Const} \tag{7.3-29}$$

$$H_{m3} = H_{m2} + \frac{\Delta V_3 - \Delta V_2}{A} \tag{7.3-30}$$

式中，$P_{m3} = 0.00981\rho_m (H - H_{m3})$；$P_{a3}$、$P_{m3}$ 分别为 t_3 时刻对应的套压和气顶上部静液柱压力，MPa；H_{m3} 为 t_3 时刻对应的气顶距井底的高度，m；T_{g3} 为 t_3 时刻对应的气柱中心的

热力学温度，K；ΔV_3 为 t_3 时刻对应的气体体积，m^3。

利用式(7.3-29)和式(7.3-30)可以求出 t_3 时刻的套压值，泵注钻井液这一过程中任何时刻都满足气体状态方程，这些套压值也在一条直线上，当放掉一定量的钻井液后再进行第二次关井，随着关井时间的增加，套压又会继续上升，直到满足较小值时，再次开井，直到气体运移到井口。这时开井条件必须满足：

$$H - H_{\mathrm{m}} \leqslant 0 \tag{7.3-31}$$

置换变化过程为

$$\frac{\left(P_{\mathrm{a}1} + P_{\mathrm{m}1}\right)\Delta V_1}{T_{\mathrm{g}1}} = \frac{\left(P_{\mathrm{a}2} + P_{\mathrm{m}2}\right)\Delta V_2}{T_{\mathrm{g}2}} = \cdots = \frac{\left(P_{\mathrm{a}(x-1)} + P_{\mathrm{m}(x-1)}\right)\Delta V_{(x-1)}}{T_{\mathrm{g}(x-1)}} = \frac{\left(P_{\mathrm{a}x} + P_{\mathrm{m}x}\right)\Delta V_x}{T_{\mathrm{g}x}} = \mathrm{Const} \tag{7.3-32}$$

式中，ΔV 为泥浆池的累积增量，m^3；P_{a} 为套压，MPa；P_{m} 为气柱上部的钻井液静液柱压力，MPa；x 为气体运移到井口以及之前的任意时刻；T_{g} 为气柱中心的热力学温度，K。

$$\Delta V_{(2y-1)} = \Delta V_{2y}（y\text{为自然数}） \tag{7.3-33}$$

$$P_{\mathrm{a}(2y)} + 0.00981\rho_{\mathrm{m}}\left(H - \frac{\Delta V_{(2y+1)}}{A}\right) = P_{\mathrm{p}} + P_{\mathrm{s}} \tag{7.3-34}$$

式中，P_{p} 为地层压力，MPa；P_{s} 为过平衡压力，MPa。

$$H_{\mathrm{g}(2y+1)} = H_{\mathrm{g}(2y)} + \frac{\Delta V_{(2y+1)} - \Delta V_{2y}}{A} \tag{7.3-35}$$

每次气柱高度为

$$H_{\mathrm{g}y} = \frac{\Delta V_y}{A} \tag{7.3-36}$$

式中，A 为环空横截面积，m^2；y 为自然数。

每次气顶上部的静液柱压力为

$$P_{\mathrm{m}y} = 0.00981\rho_{\mathrm{m}}\left(H - H_{\mathrm{m}y}\right) \tag{7.3-37}$$

式中，$H_{\mathrm{m}y}$ 为气顶距井底的高度，m；H 为井深，m。

每次气柱中心热力学温度为

$$T_{\mathrm{g}y} = 273 + T_0 + G_{\mathrm{T}}\left(H - H_{\mathrm{m}y} + \frac{H_{\mathrm{g}y}}{2}\right) \tag{7.3-38}$$

$$H_{\mathrm{m}1} = H_{\mathrm{g}1} \tag{7.3-39}$$

气体运移到井口之前的套压：

$$P_{\mathrm{a}(2y)} = \min\left\{(7.3\text{-}28), (7.3\text{-}32)\right\} \tag{7.3-40}$$

气体运移到井口时的套压（$H_{\mathrm{m}} = H$）：

$$P_{\mathrm{a}x} = 0.00981\rho_{\mathrm{m}}H_{\mathrm{g}x} \tag{7.3-41}$$

1) 泵入钻井液体积的限制条件

泵入钻井液体积用 V_{e} 表示，井筒中气体的体积用 V_{g} 表示，每次泵入的钻井液体积必须有限制，因为泵入得太多将导致套压和井底压力增加而超出控制的范围，所以必须满足方程：

$$P_a + 0.00981\rho_m\left(H - H_g + \frac{V_e}{A}\right) = P_p + P_s \tag{7.3-42}$$

式中，ρ_m 为钻井液密度，g/cm^3；H 为井深，m；H_g 为气柱高度，m；V_e 为泵入的钻井液体积，m^3；A 为环空横截面积，m^2。

2) 气体状态方程的运用

泵入钻井液前一刻到泵入钻井液后一刻这一过程中气体的质量是没有变的，建立气体状态方程：

$$\frac{P_a V_g}{T_g} = \text{Const} \tag{7.3-43}$$

式中，V_g 为气体体积，m^3；T_g 为气柱中心的热力学温度，K。

3) 套压下降的限制条件

每次释放气体时套压下降也是有限制的，下降得太多将导致井底压力低于地层压力而可能发生井喷，应满足方程：

$$P_a + P_m = P_p + P_s \tag{7.3-44}$$

式中，P_m 为钻井液静液柱压力，MPa。

4) 套压上升的限制条件

套管鞋所受的压力是有限制的，而套管鞋所受压力是由套压加上套管鞋处上面的钻井液静液柱压力，可以表示为

$$P_a + 0.00981\rho_m\left(H_c - H_g\right) < P_{an} \tag{7.3-45}$$

即

$$P_a < P_{an} - 0.00981\rho_m\left(H_c - H_g\right)$$

式中，H_c 为套管鞋处深度，m；P_{an} 为套管鞋处地层破裂压力，MPa。

7.3.6 置换法压井套压控制方法

依据井底压力和井口套压之间的变化关系控制井底压力略大于地层压力，允许天然气在沿井筒滑脱上升过程中适度膨胀，直至井口，再进行顶部压井操作。在关井期间井底压力等于环空静液压力与井口套压之和，即 $P_b = P_m + P_a$。为了确保整个排溢流和压井期间的井底压力略大于地层压力并将其保持在一定的范围内，当气体滑脱上升、井内液柱压力减小时，需将井内液柱压力的减小值加在井口套压上，以补偿井底压力，平衡地层压力，环空静液压力的减小值为

$$\Delta P_m = \frac{0.00981\rho_m\Delta V}{V_a} \tag{7.3-46}$$

式中，ΔP_m 为环空静液压力的减小值，MPa；ρ_m 为环空钻井液密度，g/cm^3；ΔV 为环空

钻井液体积减小值(为了让井内气体膨胀而放出的钻井液量，用计量罐计量)，m^3；V_a 为环空容积系数(即每米环空容积或环空截面积)，m^3/m。

环空静液压力的减小值应等于井口套压的增加值，即

$$\Delta P_m = \Delta P_a \tag{7.3-47}$$

式中，ΔP_a 为井口套压增加值，MPa。

(1)先确定一个大于初始关井套压的允许套压值 P_{a1}，再给定一个允许套压变化值 $\Delta P_a'$，如初始关井套压 $P_a = 5$MPa，允许套压值 $P_{a1} = 6$MPa，允许套压变化值 $\Delta P_a' = 0.5$MPa。

(2)当关井套压由 P_a 上升至 $(P_{a1} + \Delta P_a') = (6+0.5)$MPa 时，从节流阀放出钻井液，使套压下降至 P_{a1}，即 6MPa，关井，并将放出的钻井液体积 ΔV_1 换算成环空静液压力的减小值，即得套压增加值：

$$\Delta P_{a1} = \Delta P_{m1} = \frac{0.00981\rho_m \Delta V_1}{V_a} \tag{7.3-48}$$

(3)当关井套压由 P_{a1} 上升至 $(P_{a1} + \Delta P_a' + \Delta P_{a1}) = (6+0.5+\Delta P_{a1})$MPa 时，从节流阀放出钻井液，使套压下降至 $(P_{a1} + \Delta P_{a1})$，关井；放出钻井液体积 ΔV_2，则套压增加值 ΔP_{a2} 为

$$\Delta P_{a2} = \Delta P_{m2} = \frac{0.00981\rho_m \Delta V_2}{V_a} \tag{7.3-49}$$

(4)当关井套压由 $(P_{a1} + \Delta P_{a1})$ 上升至 $(P_{a1} + \Delta P_{a1} + \Delta P_{a2} + \Delta P_a') = (6+0.5+\Delta P_{a2} + \Delta P_a')$ 时，从节流阀放出钻井液，使套压下降至 $(P_{a1} + \Delta P_{a1} + \Delta P_{a2})$，关井；放出钻井液体积 ΔV_3，则套压增加值 ΔP_{a3} 为

$$\Delta P_{a3} = \Delta P_{m3} = \frac{0.00981\rho_m \Delta V_3}{V_a} \tag{7.3-50}$$

(5)按上述方法使气体滑脱上升膨胀，排放钻井液，使套压增加一定值以维持井底压力与地层压力的平衡，直至气柱到达井口。此时不能放气泄压，以免井底失去平衡，再次溢流。维持套压值是平衡地层压力的关键。

7.3.7　置换法压井施工准备

1. 压井组织与技术准备

采用置换法压井前，应成立压井组织机构，明确责任分工，研判置换法压井的可行性，以及现场采用置换法压井存在的风险，制定并落实管控风险的详细措施，组织压井施工作业骨干人员进行必要的置换法压井安全技术措施交底。

2. 压井液的准备

(1)地面准备的压井液有效使用量不应低于井筒容积的 3 倍，压井液的密度依据井口压力计算，在此基础上，其密度附加值为 0.15g/cm^3，黏度不宜过高。

(2)准备一定量的堵漏浆，有效使用量不低于预测井漏层段容积的 2 倍，密度应与原井浆基本一致。

(3)地面宜准备能够配置 2 倍井筒容积的加重材料、必要的添加剂和堵漏材料等。

3. 压井设备、设施准备

(1)采用钻井队泥浆泵作为动力压井应做好如下准备。

①泥浆泵缸套、活塞、安全阀限压、高压闸门的开关、管线的连接,以及泥浆泵工况情况能满足压井的需要。

②为泥浆泵提供动力的传动系统、气源系统、动力系统以及循环系统等满足置换法压井的需要。

③现场泥浆泵应能正常使用。

(2)采用压裂车作为动力压井应做好如下准备。

①根据置换法压井施工需要,选用压裂车时,应根据压井排量、压裂车车况、预计压井作业时间等因素,确定压裂车数量,备用压裂车数量不少于一台。

②压裂车、供液车、供液撬、仪表车、高压管汇等压井设备布置应合理;与压裂车配套的水泥车、灰罐群、供水车(系统)、消防车组应满足压井的需要。

③与压井有关的装备设施安装到位,应固定牢固,试压合格后,绘制现场压井装备设施示意图。

④参与置换法压井施工的所有作业人员,应清楚本岗位在压井施工过程中可能遇到的异常情况及解决方法、压井施工注意事项、压井闸阀(流程)的倒换程序和要求,以及工作联络信号与指示要求等。

(3)压井辅助装备设施的准备如下。

①供水设施运转良好,供水能力应达到压井排量的 1.5 倍以上,有专人负责供水。

②供电能够满足压井的需要,有专人负责供(停)电相关工作。

③排气时排出的废弃压井液能够及时回收处理。

④排风系统能够正常工作,根据现场施工要求,满足排除有毒有害气体的相关需要。

⑤放喷点火装置设施不少于 3 种,且性能可靠,有专人在安全位置具体负责点火相关工作。

4. 置换法压井现场场地等条件的准备

(1)根据压井施工作业需要准备相应的场地,满足压井施工车辆通行以及压井施工作业的需要。

(2)应对钻台与压井无关的工具器材进行必要的清理。

(3)井内钻杆较少,需要固定钻杆的推荐做法如下。

①用手动锁紧装置将半封闸板锁紧。

②用钻杆死卡将钻杆固定,与钻杆死卡配套的钢丝绳不应少于 4 根,钢丝绳直径不小于 22mm。

③无关人员应远离井场,并在安全区域集中待命。

④刹把应锁死,与置换压井施工作业无关的设备设施应关停。

(4)需要剪断钻具的操作步骤如下。

①使用剪切闸板防喷器的前提条件:井喷失控,现场已无力改变井喷失控状态且危及

人身安全的情况下，才能使用剪切闸板防喷器剪断井内钻具，控制井口。

②使用剪切闸板防喷器实施剪切关井的指挥权限：钻井队长同钻井监督协商一致后，请示项目建设单位和钻井承包商井控第一责任人同意后，立即组织实施剪断钻具关井；若情况紧急，来不及请示，则经钻井监督同意，由钻井队长组织实施剪断钻具关井。

③剪切闸板防喷器剪断钻具关井的操作程序如下。

a. 确保钻具接头不在剪切闸板防喷器剪切位置后，锁定钻机绞车刹车系统。

b. 关闭剪切闸板防喷器以上的半封闸板防喷器和环形防喷器，打开放喷管线泄压。

c. 打开剪切闸板防喷器以下的半封闸板防喷器。

d. 打开储能器旁通阀，关剪切闸板防喷器，直至剪断井内钻具关井；若未能剪断钻具，则应由气动泵直接增压，直至剪断井内钻具关井。

e. 关闭全封闸板防喷器，手动锁紧全封闸板防喷器和剪切闸板防喷器。

f. 试关井。

④剪切闸板防喷器使用安全注意事项。

a. 钻井队应加强对剪切闸板防喷器远程控制台的管理，避免因误操作而导致钻具事故或更严重的事故。

b. 操作剪切闸板防喷器时，除远程控制台操作人员外，其余人员全部撤至安全位置。

c. 恢复正常工作后，剪切闸板防喷器应及时更换。

⑤使用剪切（全封）一体化闸板关井，应用手动锁紧装置将闸板锁定。

5. 置换法压井其他准备要求

(1)消防设施器材的准备：根据现场消防需要，准备相应的消防设施和器材。必要的灭火器、消防沙、消防毯、消防水龙带应准备到位，有专人负责消防器材的管理以及消防工作。必要时，应准备消防车。

(2)气防设施的准备：根据压井的需要，现场应配备必要的可燃气体监测仪、二氧化硫监测仪、硫化氢监测仪等有毒有害气体检测仪，以及正压式空气呼吸器、风向标、风扇等气防设施，其配备标准应满足压井施工的需要。

(3)通信联络准备。

①现场应准备良好的通信系统，必要时，应协调地方通信部门参与压井通信工作。

②参加压井的所有人员应人手 1 台对讲机，根据压井指挥的需要，明确有关工种（岗位）对讲联络频道。

③参与压井作业的有关人员应熟悉压井手势信号、声音信号、图标指示等信号内涵。

(4)置换法压井应充分考虑压井时的气象条件，准备充足探照灯，满足夜间压井施工作业、放喷点火的需要。

(5)置换法压井前，参与压井的设备应安装、试压合格。

(6)置换法压井前，应绘出井场平面图、设备布局图，井口装置图、节流（压井）管汇图，以及参与压井施工作业的相关车辆摆放、管线连接示意图。参与压井作业的有关人员应清楚施工作业现场的消防通道、应急撤离通道，消防通道、应急撤离通道应畅通。

(7)实施置换法压井施工作业前，应根据现场实际情况，进行必要的防火、防爆和应急疏散演练。

(8)压井前,应划定施工作业风险区,并进行必要的警戒,无关人员应撤离到安全区。

(9)压井施工作业前,放喷口周边应清障,100m 范围内与压井施工作业无关的人员应撤离。

(10)进入井场的道路应实施必要的警戒。

7.3.8　置换法压井基本步骤

1. 地层漏失的压井步骤

(1)采用一定排量(宜为正常钻进排量的 1/3～1/2)将压井液注入环空,观察套压升高情况。

(2)确定套压上限。当套压升至一定值(P_1)并基本稳定时(表明液柱开始漏失)停泵,记录注入量、套压,该压力即是井下发生漏失的地面控制压力,也是整个压井施工过程中套管的上限压力。如果地层未漏失,则最大套压不超过套管抗内压强度的 80%。受气体滑脱影响,置换过程中井口套压不断升高,故套压上限可取以上最小值的 80%作为套压上限。

(3)将注入量换算为井内液柱高度(H_1)和形成的液柱压力(ΔP_1),确定下一次最高套压和最低套压。第一次注入压井液形成的液柱高度:

$$H_1 = \frac{V_1}{q} \tag{7.3-51}$$

式中,q 为井眼单位长度容积,m³/m;V_1 为第一次注入的压井液体积,m³。

第一次注入压井液形成的液柱压力:

$$\Delta P_1 = 10^{-3} \rho_m g H_1 \tag{7.3-52}$$

式中,ρ_m 为压井液密度,g/cm³;g 为重力加速度,m/s²;

(4)置换。静止一定时间,使压井液在环空气体中下沉,环空气体上升至井口,静止时间与气体滑脱速度、地层压力、溢流量大小等有关,一般情况下静止时间根据现场实际而定。

(5)泄压放气。打开平板阀,缓慢调节节流阀放出部分气体,观察套压下降情况。

(6)确定套压降低下限。当套压降至一定值(P)并基本稳定时(地层流体开始涌入井内),关平板阀和关节流阀停止放气,在此值基础上附加 3～5MPa 作为第一次套压降低下限 P_2。

(7)再次注入压井液进行置换。第二次注入压井液形成的液柱高度:

$$H_2 = \frac{V_2}{q} \tag{7.3-53}$$

第二次注入压井液形成的液柱压力:

$$\Delta P_2 = 10^{-3} \rho_m g H_2 \tag{7.3-54}$$

由于第一次注入压井液已形成液柱高度 H_1 和液柱压力 ΔP_1,随着第二次注入压井液套压将从 P_2 开始升高,但升至 $P_1 - \Delta P_1$ 时将不再升高,该压力是此时的井下漏失套压。同样,待压井液沉至底部后开节流阀放出气体时,套压最低降至 $P_2 - \Delta P_1$。所以 $\Delta P = P_1 - P_2$ 是注入压井液和放出气体的最大压力波动范围。

(8)置换法压井过程中若发现有井漏,则可注入一定量的堵漏压井液。

(9)重复以上步骤,直至压井结束。若发现放气过程中有液体放出,可能是节流阀开度过大或静止时间短,液体没有充分下沉,置换不彻底造成的。应减小开度(或关闭节流阀)、增加静止时间,然后进行放气操作,总的控制要求是少注防井漏,少放防溢流。

图 7.3-1 为置换法压井基本步骤。

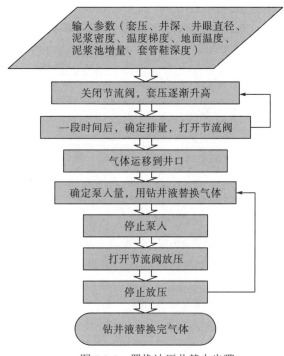

输入参数(套压、井深、井眼直径、泥浆密度、温度梯度、地面温度、泥浆池增量、套管鞋深度)

关闭节流阀,套压逐渐升高

一段时间后,确定排量,打开节流阀

气体运移到井口

确定泵入量,用钻井液替换气体

停止泵入

打开节流阀放压

停止放压

钻井液替换完气体

图 7.3-1　置换法压井基本步骤

2. 地层不漏失的压井步骤

(1)方式 1(基本步骤同地层有漏失的压井)。

①采用一定排量将压井液注入环空,当套压升高至一定值不再升高时,停止注入压井液。

②记录注入量和套压值。

③将注入量换算为井内液柱高度,计算形成的液柱压力。

④静止一定时间,使压井液在环空气体中下沉至井底。

⑤缓慢开节流阀放出部分环空气体,观察套压下降情况。

⑥当套压降至一定值并基本稳定时,关节流阀停止放气体。

⑦重复以上步骤,直至压井结束。

(2)方式 2(采用事先确定每次注入井段长度方式压井)。

①设定套压上限,确定每次注入井段长度,换算为注入量。

②采用一定排量将压井液注入环空,观察套压升高情况;若注入量未达到时套压已达到,则改为方式 1 继续压井。

③记录实际套压,计算形成的液柱压力。

④静止一定时间，使压井液在环空气体中下沉至井底。

⑤缓慢开节流阀放出部分环空气体，当套压降至一定值并基本稳定时，关节流阀停止放气体。

⑥重复以上步骤，直至压井结束。

与地层漏失情况不同的是，每次控制套管上限压力不需要每次都减去液柱压力。因此，每次注入压井液量和放出气体可以更多，压井次数减少。为了便于操作和计算，可以确定在低于 P_1 范围内每次注入一定液柱长度(如每次 100m、200m 或 300m 等)，然后计算出每次注入压井液的体积、液柱长度与液柱压力。但随着注入压井液次数的增加，套压将逐次升高，当升高至地层开始漏失的套压 P_1 时，再按上述方式进行。

7.3.9　置换法压井施工注意事项

(1)置换法压井过程所需时间较长，计算应准确，操作应精细，压井作业要有耐心，不宜过急。

(2)压井过程必须使用专用计量罐计量，保证每次的注入量。每次注入长度越长，压井次数将越少，但并不是每次注入长度越长越好。每次注入量越多越不利于液气置换，容易形成液柱、气柱分段现象，造成置换法压井实施不彻底，压井不成功。

(3)每次放出气体应严格控制放出量。如放出量少，放气不彻底，压井次数多；如放出量大，造成再次溢流，引起井下情况进一步复杂甚至压井失败。需要根据现场实际情况确定每次注入压井液与放出气体的量(推荐开始时每次注入量可按井眼高度取整数确定，如每次 100m，以利于计算和控制)。

(4)套压上限控制，不超过井口装置额定压力、上层套管抗内压强度的 80%、套管鞋破裂压力三者中的最小值。套压下限控制，以不发生二次溢流为限。

7.3.10　河坝 1 井置换法压井实例

1. 基本情况

河坝 1 井位于四川盆地通南巴构造带南阳断鼻东北端河坝场高点，是中石化集团公司于 2001 年部署的一口重点区域探井。该井于 2004 年 11 月 12 日完钻，完钻井深 6130m。2006 年 8 月对河坝 1 井飞仙关组飞三段(井深 4961.5～4975.5m)进行替喷测试。采用常规压井技术进行压井但未成功，最后采用置换法压井技术成功压井，排除了险情。用 2000 型压裂泵车 4 台进行正循环压井，根据该井前期资料确定压井泥浆密度为 2.45g/cm³；采用置换法压井技术，用泥浆压井前，连续向井内正循环注清水，增加井底套压；施工时控制油压小于 25MPa，套压小于 70MPa；准备压井泥浆 300m³，堵漏泥浆 50m³；先用二级管汇节流阀和油嘴配合控制井口压力，必要时采用一级管汇节流阀。

建立油管内液柱，缓慢控高套压。2006 年 8 月 7 日 15:28～15:47 关井，套压由 45.0MPa迅速上升至 63.5MPa。15:47～15:55 用节流阀泄压，套压由 63.5MPa 降至 56.5MPa，同时小排量从油管内注泥浆 4m³，喷口见泥浆时，停泵关井。15：55～19：30，每隔 30min 泄套压放气，同时从油管内正注泥浆，放喷口见泥浆返出，停泵关井，分 7 次注入泥浆 18.5m³，套压逐渐降至 32.00MPa，产气 45000m³。从注入量和压力分析，井内有漏失，估算漏失当量密度为 2.55g/cm³。20：00～8 日 2：30，分 7 次注入堵漏泥浆 16.5m³，套压在 10～30MPa 范围内波动较大，产气 12000m³。8 日 2：30～9：30，分 3 次将堵漏泥浆挤入地层，注浆压力逐渐升高，产气 5000m³。9：30～20：00，每隔 2h 间断泄套压放气，正注泥浆，套压由 16MPa 逐渐降至 4.0MPa，放出气量很少。20：00～9 日 6：00，控制套压在 5.00MPa 以内，测量出口泥浆密度为 2.39g/cm³，从压井开始共向井内注入泥浆 145m³。

2. 软件模拟

表 7.3-1 为河坝 1 井置换法压井实例验证数据，模拟套压泄压时间为 30min，实际套压泄压时间为 30min；泵入量误差为 13.59%；15：55～19：30，实际套压逐渐降至 32.00MPa，模拟套压 40.92↓31.81MPa，误差为 0.59%；9：30～20：00，控制实际套压在 5.00MPa 以内，模拟套压 13.59↓4.48MPa，误差为 10.4%。

表 7.3-1　河坝 1 井置换法压井实例验证

数据情况	泵入量 /m³	泄压时间 /min	泵压/MPa		
			15：47～15：55	15：55～19：30	9：30～20：00
实际压井	145.00	30	56.50	32.00	5.00
模拟压井	164.70	30	59.14	31.81	4.48
误差	13.59%	0	4.67%	0.59%	10.4%

图 7.3-2 为置换法压井计算分析界面，该模块可计算置换所需钻井液密度、钻井液体积、置换时间、置换次数、套压、井底压力等 15 种置换施工参数。该模块可打印置换法压井施工单。

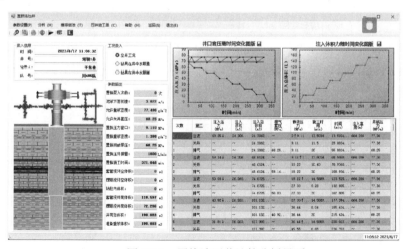

图 7.3-2　置换法压井计算分析界面

3．置换法压井施工单

置换法压井施工单见附表 3.3。

4．置换法压井施工参数输出结果

置换法压井施工参数输出结果见附表 4.3。

7.4　工程师法压井

7.4.1　压井步骤

(1)录取关井资料，计算压井数据，填写压井施工单。

(2)配制压井液，压井液密度要均匀，其他性能尽量与井内钻井液保持一致。

(3)将压井钻井液泵入井内，开始压井施工。

①缓慢开泵，逐渐打开节流阀，调节节流阀，使套压等于关井套压不变，直到排量达到选定的压井排量。

②保持压井排量不变，在压井液由地面到达钻头这段时间内，调节节流阀，控制立压按照"立管压力控制进度表"变化，由初始循环压力逐渐下降到终了循环压力。

③压井液返出钻头。在环空上返过程中，调节节流阀，使立压等于终了循环压力并保持不变。直到压井液返出井口，停泵关井，检查关井套压。关井立压是否为零，若为零则开井，开井无外溢说明压井成功。

7.4.2　工程师法压井过程中立压及套压变化规律

工程师法压井是溢流关井后，根据关井立压求得地层压力，待配制好所需压井密度的压井液后，通过一个循环周内同时排出环空气侵流体的压井方法。

工程师法的特点：施工时间短，套压及井内地层受力较司钻法小。一个循环压井结束后，立压和套压皆等于零。工程师法压井立压、套压变化曲线如图 7.4-1 所示。

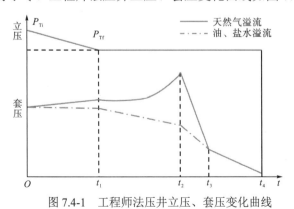

图 7.4-1　工程师法压井立压、套压变化曲线

1. 立压变化规律

立压变化规律如图 7.4-1 所示。$0 \sim t_1$ 时间内，压井液从地面到钻头，立压由初始循环压力 P_{Ti} 下降到终了循环压力 P_{Tf}，$t_1 \sim t_4$ 时间内，压井液由井底返至井口，立压保持终了循环压力不变。

2. 套压变化规律

溢流为油或盐水时套压变化如图 7.4-1 所示。$0 \sim t_1$ 时间内，压井钻井液由地面到钻头，套压不变，其值等于初始关井套压；$t_1 \sim t_2$ 时间内，压井钻井液进入环空，溢流物逐渐到达井口，套压缓慢下降；$t_2 \sim t_3$ 时间内，溢流排出井口，套压迅速下降；$t_3 \sim t_4$ 时间内，压井钻井液排替环空内原来密度的钻井液，套压逐渐降低。

溢流为气体时套压变化：①压井钻井液从地面到钻头，气体在环空上升膨胀，套压逐渐升高到第一个峰值。②内套压的变化受压井钻井液柱和气体膨胀的影响，一般是压井钻井液在环空开始上升时，套压稍有下降，然后有一段套压平稳，变化不大，然后逐渐升高，气体接近井口时套压迅速升高，达到第二个峰值。两个峰值哪个为极值，取决于溢流井深、压井钻井液与原钻井液密度差、井眼环空容积系数及压井排量等因素，多数第二个峰值为极值。③气体排出，套压迅速下降，压井钻井液排替原钻井液，套压逐渐下降，加重钻井液返至井口，套压下降为零，压井结束。

7.4.3　压井作业中应注意的问题

(1)在整个压井过程中，始终保持压井排量不变。

(2)压井钻井液量一般为井筒有效容积的 1.5～2 倍。

(3)压井过程中要保持井底压力恒定并略大于地层压力，通过控制回压(立压、套压)来达到控制井底压力的目的。

(4)要保证压井施工的连续性。

(5)开泵与节流阀的调节要协调。从关井状态改变为压井状态时，开泵和打开节流阀应协调，节流阀开得太大，井底压力就降低，地层流体可能侵入井内；节流阀开得太小，套压升高，井底压力过大，可能压漏地层。

(6)控制排量。整个压井过程中，必须用选定的压井排量循环并保持不变，由于某种原因必须改变排量时，必须重新测定压井时的循环压力，重算初始压力和终了压力。

(7)控制好压井钻井液密度。压井钻井液密度要均匀，其大小要能平衡地层压力。

(8)要注意立压的滞后现象。压井过程中，通过调节节流阀控制立、套压，从而达到控制井底压力的目的，压力从节流阀处传递到立压表上，要滞后一段时间，其长短主要取决于井深、溢流的种类及溢流的严重程度。

工程师法的优点是压井作业时间短，套压峰值低；缺点是关井时间长。在具备能迅速加重钻井液的条件下，推荐采用此法。

7.4.4 工程师法压井软件开发

工程师法压井是指发现溢流关井后，先配制压井钻井液，然后将配制好的压井液直接泵入井内，在一个循环周内同时将溢流排除并重建压力平衡的方法，在压井过程中保持井底压力不变。工程师法压井分析模块(图 7.4-2)可以模拟不同时刻、不同位置的套压及立压实时变化规律，具有计算分析终了立压、压井液到达钻头时间、许可最大套压、初始立管总压力的功能。

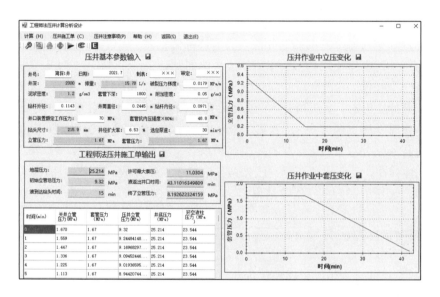

图 7.4-2   工程师法压井分析模块

7.4.5 工程师法压井施工单

针对 SB53-1H 井溢流压井，制定了 Excel 版本的工程师法压井施工单。准备重浆 265.586cm³；压井泥浆排量为 660.00L/min，准备压井时间为 344.917min，关井套压为 23.00MPa，压井液最大密度为 1.799g/cm³，压井压力窗口为 7.11MPa，压井液最小密度为 1.629g/cm³，初始泵压为 34.19MPa，压井液密度设计为 1.91g/cm³，终止套管鞋压力为 102.75MPa。对比 SB53-1H 井实际压井情况，与压井施工单分析具有一致性。工程师法压井施工单见附表 3.2。

7.5   司钻法压井

司钻法的优点是不必等候压井计算和加重，关井时间短，可防止气体滑脱上升。缺点是压井作业时间长，套压峰值大。建议在重晶石储量不够时使用此法。

7.5.1　司钻法压井步骤

司钻法又称两步法，司钻法压井分两步完成。第一步(第一循环周)，循环排除井内受侵污的泥浆。第二步(第二循环周)，用重泥浆循环压井。压井的具体步骤如下。

(1)计算压井所需的基本数据。在压井施工前，必须迅速、准确地计算出压井所需的基本数据。

(2)填写压井施工单。

(3)压井。

第一步(第一循环周)。基本做法是通过节流阀用原浆循环调节节流阀的开启程度，控制立压不变，以保持在井底压力不变的条件下，将环空内受侵污的泥浆排至地面。具体步骤及操作方法如下。

①缓慢启动泵并打开节流阀，使套压保持关井套压。

②当排量达到选定的压井排量时，保持排量不变循环。调节节流阀使立压等于初始循环立管总压力 P_{t1}，并在整个循环周内保持不变。若立压超过 P_{t1}，则应适当开大节流阀，反之，则应关小节流阀。

应该注意的是：在调节节流阀的开大或关小和立压呈现上升或下降之间，由于压力传递需要一定的时间，因此存在迟滞现象。其滞后时间取决于液柱传递压力的速度和井深，液柱传递压力的速度大约为 300m/s。在井深 3000m 的井中，调节节流阀后的压力要经过约 20s 才能呈现在立压表上。实际的滞后时间还受泥浆柱中天然气的含量和泥浆密度的影响。在实际施工中，如果不注意滞后时间，就会造成调节节流阀过头，导致井底压力的控制不准确。

③环空受侵污的泥浆排完后，应停泵、关节流阀。此时关井套压应等于关井立压。

第一步操作进行中，应同时配制压井重泥浆，准备压井。

第二步(第二循环周)。基本做法是通过节流阀用重泥浆循环,调节节流阀的开启程度,控制立压,以保证在井底压力不变的条件下将重泥浆替入井内,并在一个循环周内把井压住,具体步骤如下。

①缓慢启动泵，并打开节流阀控制套压等于第一步结束后的关井套压。

②当排量达到选定的压井排量时，保持排量不变。重泥浆由井口到达钻头的这段时间内，要通过调节节流阀控制套压等于关井立压不变。立压由初始循环立管总压力 P_{t1} 降到终了循环立管总压力 P_{t2}。也可参照"立管压力控制表"进行控制操作。

③继续循环，重泥浆在环空上返。调节节流阀，控制立压等于终了循环立管总压力 P_{t2} 不变，直到重泥浆返出地面。停泵、关节流阀。检查立压和套压是否为零。如果都为零，说明井内建立起了新的压力平衡，压井成功。

压井时控制立压的目的是达到保持井底压力不变，但在控制立压的过程中，必然会引起套压的变化。掌握立压和套压的变化规律，不仅有助于理解压井原理，掌握压井方法，而且对分析判断压井施工情况，保证压井顺利进行也是十分必要的。

图 7.5-1 为司钻法压井分析模块，该模块实现了压井液密度设计、压井钻具容积计算、压井液到达钻头时间、井内溢流高度估算等 15 个功能参数的计算。

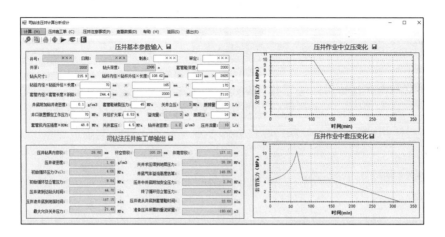

图 7.5-1　司钻法压井分析模块

7.5.2　司钻法计算步骤

下面通过一个实例来了解和学习应用司钻法压井的计算步骤、方法及压井过程中井筒内压力的变化规律。

例题 7.5-1　某井井深 $H=2000$m，钻头尺寸为 Φ215.9mm，钻杆外径为 114.3mm、内径为 97.1mm，钻井液密度为 $\rho_m=1.2$g/cm³，Φ244.5mm 套管下深为 1800m，套管鞋处地层破裂压力梯度 $G_f=0.0179$MPa/m。根据溢流发生之前的记录，泵速为 30r/min 时循环压力 $p_{cm}=7.65$MPa。钻井泵型号为 NB-900，缸套直径为 185mm，泵速为 30r/min 时排量为 15.78L/s，最高泵压为 13MPa。发生溢流关井后 10min，立压 $p_d=1.67$MPa，套压 $p_a=2.65$MPa，泥浆池内的液量增加了 3.5m³。

解：根据以上数据，比较关井立压和套压，差值为 0.98MPa，而钻井液量增加 3.5m³，说明环形空间被气侵得并不严重，溢流发现得较及时。

首先计算压井所需数据。

①地层压力 p_p。由 $p_p = p_{md} + p_d$、$p_{md} = 0.00981\rho_m H$，可得

$$p_p = 0.00981\rho_m H + p_d = 0.00981 \times 1.2 \times 2000 + 1.67 = 25.214(\text{MPa}) \tag{7.5-1}$$

②压井所需钻井液密度 ρ_{mk}。由 $\rho_{mk} = \dfrac{p_p}{0.00981H}$，可得

$$\rho_{mk} = \frac{p_p}{0.00981H} = \frac{25.2}{0.00981 \times 2000} \approx 1.285(\text{g/cm}^3) \tag{7.5-2}$$

$\rho_{mk}=1.285$g/cm³ 是一个近平衡井底压力密度，对于地层破裂压力要求钻井液密度窗口大的地层，压井的钻井液密度设计可在此密度（$\rho_{mk}=1.285$g/cm³）的基础上，对于油井附加 0.05～0.10g/cm³，对于气井附加 0.07～0.15g/cm³。

③初始立管总压力 p_{Ti}。由 $p_T = p_d + p_{cm}$，选定泵速 30r/min，则有

$$p_{Ti} = p_d + p_{cm} = 1.67 + 7.65 = 9.32(\text{MPa}) \tag{7.5-3}$$

④终了立管总压力 p_{Tf}。由 $p_{Tf} = p_{cmk}$，可得

$$p_{Tf} = \frac{p_{mk}}{p_m} p_{cm} = \frac{1.285}{1.2} \times 7.65 = 8.19(\text{MPa}) \tag{7.5-4}$$

⑤重钻井液到达钻头所需时间 t。由钻井手册查得 $\Phi114.3\text{mm}$（内径 97.1mm）的钻柱每米长的内容积 $V_d = 7.417\text{L/s}$，则有

$$t = \frac{V_d H}{60Q} = \frac{7.417 \times 2000}{60 \times 15.78} = 16(\text{min}) \tag{7.5-5}$$

⑥许可的最大关井套压为

$$p_{amax} = (G_f - 0.00981\rho_m)H_c = (0.0179 - 0.00981 \times 1.20) \times 1800 = 11(\text{MPa}) \tag{7.5-6}$$

7.5.3 司钻法施工步骤

所需数据计算好后，即可按如下步骤进行施工。

第一步，排出受侵污的钻井液。

①缓慢地启动泵，调节阻流器，使套压保持为 2.65MPa。

②当泵速达到 30r/min 时，保持泵速不变。此时立压应非常接近 9.32MPa。

③继续保持泵速为 30r/min 不变，调节阻流器，使立压保持为 9.32MPa 不变。在这个过程中，套压会升得比较高，这是正常的。必须保持立压和泵速不变。

④当环空容量已循环出来时，停泵并立即关闭阻流器。此时套压等于立压，应均为 1.67MPa。

第二步，压井（已将 145m³ 钻井液加重到密度为 1.285g/cm³）。

①缓慢地启动泵，调节阻流器，使套压保持为 1.67MPa。

②当泵速达到 30r/min 时，保持泵速不变。此时立压应非常接近于 9.32MPa。

③开始用重钻井液循环。调节阻流器，当重钻井液在钻柱内由地面下行到达钻头处，立压相应地逐渐由 9.32MPa 降为 8.19MPa。

④当重钻井液在环形空间上行时，立压应仍为 8.19MPa 不变，如图 7.5-2 所示。

⑤在重钻井液循环的整个期间，套压应如图 7.5-3 所示变化。当重钻井液到达地面返出井口时，套压应降至零，从而重建起地层-井眼系统的压力平衡，压井至此结束。当天然气释放以后，如果没有发生井漏，泥浆池液面应该恢复到溢流发生以前的水平。

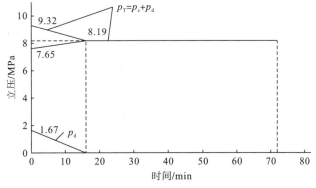

图 7.5-2 例题 7.5-1 压井过程中的立压

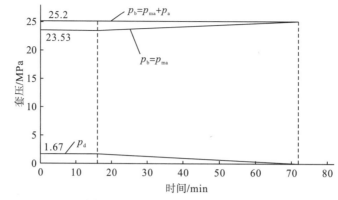

图 7.5-3　例题 7.5-1 压井过程中的套压

在恢复正常钻进以前，为了使井中钻井液柱压力具有正常附加压力，按规定附加值取 0.1g/cm³，应将密度为 1.285g/cm³ 的钻井液进一步加重到 1.385g/cm³。

7.6　边循环边加重法

钻柱在井底或接近井底时，如果环空和钻柱连通，则问题不会十分复杂。然而，当钻柱堵塞或空井时，只能通过观察地面环空压力来指导井控。体积控制法是在不能读取立压的情况下实现井控，即在不循环的情况下通过调节关井套压实现井控的方法。其要点是在维持井底压力略大于地层压力的情况下，从环空中放出钻井液以允许气体膨胀和运移。能够适用于井身结构简单的井。缺点是如果不知道气泡的位置，计算出的钻井液体积可能有误差。

边循环边加重法的优点是关井时间较工程师法短，允许大幅度连续逐步增加钻井液密度；缺点是计算比较复杂，压井循环时间较工程师法长，套压峰值高于工程师法。只有当储备的高密度钻井液与所需钻井液密度相差较大，且井下情况需及时压井时才采用此法。

(1) 关井等候压井的时间：司钻法、边循环边加重法＜工程师法。

(2) 压井作业时间：司钻法＞边循环边加重法＞工程师法。

(3) 套压峰值：司钻法＞边循环边加重法＞工程师法。

(4) 作业难度：边循环边加重法＞司钻法、工程师法。

7.7　低节流压井法

低节流压井法是标准的或常规的循环井控法的改型。经典的井控法假设在整个压井过程中井底压力保持不变或稍高于初始稳定的关井压力。低节流压井法与经典法不同的是它允许井底压力降低甚至低于初始关井压力，并可允许更多的地层流体进入井内，然后将其循环出去。在正常情况下不需使用低节流压井法，但特殊情况要求使用这种方法。

从概念上讲，低节流压井法与欠平衡钻井相似。钻致密的高压气层，用低密度钻井液，使用旋转头，进行的是欠平衡钻井。有时，油藏压力当量密度约为 2.04g/cm³，而所用钻井液密度仅为 1.32g/cm³，这样，在旋转头上便作用了约 2.758MPa 的压力。钻进过程中允许地层产出流体。使用这种方法大大地降低了钻井时间和成本。在电测、起下钻和下套管前将井压住。在井控情况下，当表套下得较浅而有长裸眼井段时使用这种方法恰到好处。若套管下得较深而裸眼井段较短，则可不用低节流压井法，但这种情形并不常见。计算井涌容许系数以适应预期的井涌大小及其密度，在井涌容许系数低于该地区可接受的风险系数时下套管，这都会使低节流压井法无用武之地。

低节流压井法用于如下情况：①保护井队人员；②保护钻机和地面设备；③保护套管鞋处地层，减小地下井涌、地下井喷和气体从套管外(套管下得浅)窜出的可能性。

低节流压井法的使用与最大许可地面压力有关。最大许可地面压力为下列 3 个数值中较小的值：①防喷器及有关设备测试的额定工作压力；②最近一层套管的设计抗崩压力(70%的屈服值)；③最近一层套管鞋处地层的漏失压力。其中，第①、②条是为保护人员和钻机；第③条是为保护套管鞋处地层。在大多数情况下如果防喷器设计的安全系数足够，第①、②条永远不会接近。但在钻大直径浅井时，地层破裂可能会成为担心的问题，这通常要求采用分流技术或无隔水管钻井。

式(7.7-1)可用于确定引起套管鞋处地层破裂的当量钻井液密度：

$$\rho_{\mathrm{f}} = \frac{p_1}{9.81H_{\mathrm{c}}} + \rho_1 \tag{7.7-1}$$

式中，ρ_{f} 为地层破裂的当量钻井液密度，g/cm³；p_1 为漏失压力，MPa；H_{c} 为套管鞋垂直深度，m；ρ_1 为试漏时用的钻井液密度，g/cm³

之后任一时刻，最大许可地面压力都可用下式计算：

$$p_{\mathrm{cmax}} = 9.81H_{\mathrm{c}}\left(\rho_{\mathrm{f}} - \rho_{\mathrm{m}}\right) \tag{7.7-2}$$

式中，ρ_{m} 为循环时井内钻井液密度，g/cm³。

关井时套压很快接近最大许可地面压力时，很难决定怎么办。通常，这意味井眼设计不充分，井队应采取措施避免这种情形。这时可以维持最大地面许可压力，开始将压井钻井液泵入井中而实行动态压井。

更为典型的是，井控开始时很正常，但套压逐步接近最大许可地面压力。可有几种方法进行处理。如果这种状况是井涌顶部已经进入套管封固段，可不必担心或采取措施。因为正用的是恒定井底压力法。当井涌的前端通过了套管鞋时，套管鞋处的临界压力开始下降。此时，应当依据计算的井底压力和套管鞋处液静压力确定出套管鞋处实际的当量钻井液密度。井涌前端上行离套管鞋越远，只要套压不超过套管或井口的额定工作压力，就越不用担心。

如果套管鞋处计算的压力大于破裂压力，可有几种方法处理。第一种方法是短时间内释放相同量的环空压力，这会释放套管鞋处的压力，同时减小井底压力和泵送压力。压井过程中井底压力的计算也应包括环空摩擦压降，作为安全附加值。只要压力降低不超过环空摩擦压力，井控压力就不会发生大的变化。如果减小压力超过了环空摩擦压力，井底压力就将小于地层压力，因而地层流体就会进入井眼。但第一个气泡的前端出现在井眼的上方，应对套管鞋处继续进行压力计算以尽快地施加正确的回压，这可减少第二次井涌量。继续按正常情况进行压井，但应继续有控制地循环到第二次井涌完全循环出井口。如果怀疑井内仍有井涌，建议使用节流阀控制，继续循环。第二种方法是降低泵的排量。要选定多个低泵速循环排量。用压力与排量的关系曲线图，以内插法可准确地求出实际记录的排量之间的具体排量数值。在压井时，通常选用低排量中最快的一个排量以缩短总的钻机时间，降低费用和卡钻的危险等。使用较低排量是有益的，特别是压力达到临界值时，应停泵关井，记录关井套压。为了保证泵启动时恒定的环空压力，应以最低的泵速重新开泵。第三种方法是保持环空压力不变在运转中改变泵排量。保持所用的对钻井液密度校正过的排量将压力控制传到钻杆，继续作业。如果计算的套压仍然接近套管鞋的临界值，可能需要再降低一点回压。

压井时始终都要观察返出的钻井液，当接近最大许可地层压力时，应特别当心井漏。现场经验表明，5%～15%的漏失不会从实质上影响控制的基本步骤。如果所有或大部分钻井液漏掉就不能使井得到控制。最后，应评估地层涌出物的来源。如果气体来自非常致密的地层，而套管鞋处地层相对较弱，进入井眼的气体会很少。允许气体进入井眼，可能不会造成复杂情况，但如流进套管鞋处地层就会造成严重问题。如果气体来自高产气藏，减压后采用经典井控法进行压井时一定要格外小心，要补偿环空摩擦当量压降，只要可能，应维持压力并检测漏失。当这种情况发生时，在裸眼井段钻进应尽可能慎重，只要作业一恢复正常控制，即下套管。

7.8　强行下钻法

强行下钻法适用于起下钻过程中发生溢流，而且由于井口有气体、泥浆增量达到预定体积或流量过大，不能把钻具下入井底的情况。该方法主要是避免钻杆强行下入井下后容积增加而引起的套压增加，主要通过排放与下入井内钻杆体积相等的环空泥浆量来实现。如果侵入流体为气体，不允许膨胀的气泡运移将使套压增加，因此必须排放等量泥浆使气泡能够膨胀。大多数强行下钻案例都是在地层侵入量相对较小，并接近井底的情况下进行的。

在井口有压力的情况下，靠钻具自重将钻具下到井底的操作称为强行下钻，并实施压井作业。在3种方式下完成强行起下钻：1个环形防喷器、1个环形防喷器与1个闸板防喷器、2个闸板防喷器；必须根据现场设备条件来确定强行起下钻方式。

7.8.1　强行下钻法注意事项

强行下钻法应考虑下列因素的影响。

(1)套管鞋深度、套管鞋处地层的破裂压力梯度和泥浆密度。

(2)套管类型、钢级、重量以及在套管内的钻井时间。

(3)钻头位置。

(4)强行起下钻所需的最小重量。

(5)记录以上情况。还必须注意气泡的运移。排放的泥浆体积用于补偿气泡运移增加的体积和钻杆额外增加的体积。

(6)在钻杆到达气泡段之前，排除气体运移的影响，应保持压力恒定。当钻柱强行下入气泡中，压力会升高，这是由于气泡的形状发生了变化，这种情况同样发生在小井眼中。

(7)如果充分考虑了气体运移，气泡得以膨胀，地层破裂的风险就会很小，并且气泡可能通过了套管鞋，这时应继续强行下钻。如果忽略了气体运移，就会有压裂地层的风险，尤其是当气泡通过套管鞋后。

(8)防喷器储能器应配有"缓冲瓶"。

7.8.2　强行下钻法准备工作

(1)按关井程序关井。

(2)确保检查环形防喷器的缓冲瓶预充压力，并打开缓冲瓶上的阀门。取下 D 型环形防喷器工作腔的堵塞。

(3)确保环形防喷器操作压力可在 100～3000psi[①]进行调节。

(4)用管线连接节流管汇出口与起下钻补给罐。

(5)校正起下钻/强行起下钻泥浆补给罐的刻度。

(6)排放补给罐中大约 50%的泥浆，测量液面到强行起下钻补给罐罐面的高度。

(7)强行起下钻前进行计算。强行起下钻前，按下列公式计算强行起下钻所需的最小重量：

$$W = F_1 + F_2 + F_3 = \frac{\pi P D^2}{4000} + 10 \tag{7.8-1}$$

式中，W 为强行起下钻所需的最小重量；F_1 为套压施加在钻柱上的推力；F_2 为工具接头通过环形防喷器时额外的力；F_3 为钻杆与环形防喷器之间的摩擦力，为 10 左右；P 为套压，MPa；D 为工具接头外径，cm。

(8)准备压井施工单：用体积法绘制压井曲线图，并填写井口防喷器压井施工单。

(9)如果需要，准备强行起卜钻的压井泥浆。

7.8.3　强行下钻法实施步骤

1. 通过环形防喷器强行起下钻

(1)当处于关井状态时，即使钻柱内有浮阀，也应安装一只安全阀和钻柱内防喷器。安全阀在开启状态接入，关闭安全阀，再接入钻柱内防喷器，然后打开安全阀。

(2)用最小的压力关闭环形防喷器，以延长防喷器胶芯的寿命。只要防喷器下方没有

---

① 1psi=6.89476×10³Pa。

气体，甚至有较小的泄漏也能接受，但并不推荐关井压力低于制造厂家推荐的压力。即使无泄漏，工具接头通过胶芯后，也可能失去密封性，使防喷器显示出被打开的迹象。

(3)为了控制排放量，节流管汇的节流管线必须连接到强行起下钻补给罐。

(4)向每一位钻井队成员交代任务。建议做以下安排。

①如需要，准备钻杆泥浆灌注管线。

②如需要，准备钻杆护丝取卸工具。

③做一份"泥浆排放表"。

(5)如装有套管护丝，在下钻时要取下。

(6)每次接单根都应向钻杆内灌注泥浆。

(7)下钻过程中应定期排放环空泥浆用于补偿钻杆下入井内所增加的体积。排放的准确数量在每下一根立柱后做出调整，并与理论累计量比较。

(8)如果部分气体运移不被忽略，套压每增加200psi(提供的压力增量不会引起套管鞋破裂)，排放一次泥浆。

(9)缓慢强下钻杆，特别是当工具接头通过防喷器时。

(10)持续监测套压、井口内泥浆液面、排放回罐的泥浆量和防喷器控制面板，必须随时记录套压和排回泥浆量。

(11)继续强行下钻，直到到达井底。如果在井口探测到侵入流体，或综合情况(套压、井眼状况等)恶化，考虑采用其他应急措施，如压回地层压井法。

(12)停止强行下钻后，按正常程序压井。

2. 通过环形防喷器和单闸板防喷器强行起下钻

该方法适用于方钻杆旋塞/钻杆内防喷器或其他钻柱组件不能强行通过环形防喷器的情况。

(1)将大工具头置于环形防喷器上方。

(2)关闭下闸板防喷器。

(3)释放环形防喷器和闸板防喷器之间的压力。

(4)打开环形防喷器。

(5)减少闸板防喷器的关闭压力。

(6)强行下钻，直到接触到关闭的闸板防喷器。

(7)再次关闭环形防喷器。

(8)将环形防喷器和闸板防喷器之间的压力增加到井眼压力。

(9)打开闸板防喷器，将闸板防喷器关闭压力增加到推荐值。

(10)按上述程序，继续强行下钻通过环形防喷器。

3. 通过闸板进行强行起下钻

(1)关闭上闸板，卸掉大约800psi关闭压力并且观察到泄漏。

(2)下钻并使工具接头接触上闸板，在关闭下闸板之前，上提钻柱使其处于拉伸状态。

(3)关闭下闸板，检查其是否关闭。

(4) 卸掉闸板之间的压力。

(5) 打开上闸板，检查其是否完全打开。

(6) 下钻并使工具接头接触下闸板，在管壁上闸板之前，上提钻柱使其处于拉伸状态。

(7) 关闭上闸板，检查其是否完全关闭。

(8) 增加闸板防喷器之间的压力使其等于井眼压力。

(9) 打开下闸板，检查其是否完全打开。

(10) 重复程序(2)～(9)继续强行下钻。

7.9　钻具离开井底压井法

钻具离开井底压井法是一种用于在钻井过程中进行压井操作的方法，其原理是在钻具离开井底的情况下，通过泵送压力介质(通常是钻井液)进入井底，从而实现对井底的控制和压力管理。

1. 钻具离开井底压井法操作过程

(1) 钻具离底：当需要进行压井操作时，钻具被抬起，使其脱离井底。

(2) 安装防喷器：在井口上安装防喷器，以防止压力介质喷出井口。

(3) 建立泵压：通过泵送压力介质(通常是钻井液)进入井底，开始建立压力。

(4) 压井操作：根据需要，在井底进行相应的压力管理操作，如控制井底压力、封堵井底、调整井底流体性质等。

(5) 压井结束：完成压井操作后，逐渐减小泵压，将井底压力恢复至正常状态。

(6) 恢复钻具下套管：在压井操作完成后，将钻具重新下入井中，继续钻进或进行其他作业。

2. 钻具离开井底压井法注意事项

(1) 在进行钻具离底和压井操作前，必须确保井控设备和相关防喷装置的功能正常，并进行必要的测试和检查。

(2) 在压井操作过程中，要随时监测井底压力和流量，并与预设的参数进行比对。如果发现异常情况，应立即采取适当的措施，包括减压、封堵井底或停止泵送等。

(3) 钻具离底过程中，要保持与井底的通信畅通，及时获取井底情况的反馈。可以使用传感器、压力计和流量计等监测设备来实时监测井底数据。

(4) 需要考虑井底阀门和防喷器的可靠性和耐高压的能力。这些设备必须符合相应的技术规范，并经过合格的测试和认证。

(5) 操作人员必须接受相关培训，熟悉钻具离底和压井操作的程序、设备和安全要求。操作人员应具备快速应对紧急情况的能力，并熟悉相应的应急措施。

(6) 在进行钻具离底和压井操作前，必须评估风险并采取适当的风险控制措施，包括制定紧急撤离计划、准备好必要的应急设备和救援人员等。

(7)操作过程中要密切配合团队成员，并确保信息交流和沟通的畅通，及时共享井底数据和操作反馈，以便团队成员做出适当的决策和调整。

综上所述，钻具离开井底压井法是一项复杂的操作，需要综合考虑安全性、流体控制和风险管理等方面。严格遵守相关规范和标准，保持紧密的沟通和合作，以及严密的监测和控制是确保操作成功和井口安全的关键。

7.10　强换井口法

当油气井发生着火或井喷事故时，应拆除损坏井口装置，迅速安装新井口装置并实施压井作业。

7.10.1　强换井口法准备工作

(1)清理井口：压井施工完毕，井内压力平衡，敞井观察无外溢现象后，清除采油树上的压井、排液管线，清理井口处的其他无关设施。

(2)工具：准备型号适宜的扳手、专用扳手、加力管和榔头，准备盖井口的工具。

(3)绳套：准备两根直径为26mm以上、长度为18m的钢丝绳套做吊装绳套和一根直径为19mm、长度为8m的钢丝绳做牵引绳，对钢丝绳进行检查和判定。

(4)将防喷器和导管(防溢管)及底法兰连接固定螺栓和螺帽及密封圈进行清洗和除锈。

(5)检查风洞小绞车的绳索、刹车、吊钩闭锁及固定情况，并对发现的问题进行整改。

(6)检查绞车刹车系统，发现问题及时进行整改。

(7)施工前，对员工进行作业中的风险提示，施工中对整个施工进行全程监控。

(8)检查便携式硫化氢检测仪、正压式空气呼吸器是否正常作业时，必须放置于井口处便于穿戴的地方。

7.10.2　强换井口法实施步骤

(1)拆采油树。井内压力平衡，敞井观察无外溢现象后，拆除采油树上的压井、排液管线，同时卸掉密封盘根的压力，拆采油树螺栓，在吊出采油树时，注意采油树的偏重，套好绳索。由游车上提采油树，用吊车向外绷出。同时防止油管挂碰伤。

(2)安装防喷器。在拆除采油树后，首先要防止油管内溢流和井喷事故的发生；装上油管变扣接头和 $3\frac{1}{2}''$ 旋塞($3\frac{1}{2}''$油管外加厚外公扣-310、311-310方钻杆旋塞)，将变径法兰、双闸板防喷器用吊车送至井口前方，用游车上吊和吊车绷至井口采油四通上，同时注意井口处的旋塞。紧固各螺栓，再用同样的方法依次吊装单闸板和环形防喷器。最后井口装置恢复到钻井作业时的状况。直至试压合格。

7.10.3 强换井口法注意事项

(1)套管四通(或三通)应保持水平，井口装置应保证垂直，垂直度误差允许为±2°，与井筒同心度误差不大于 2mm。

(2)拆换井口装置时，若套管上法兰是焊死不能转动的，则手轮方向调整误差允许为±15°；若套管上法兰是可以转动的，则手轮方向允许误差为±3°。割焊井口装置时，则手轮方向允许误差为±3°。

(3)井口螺栓受力应均匀，上部螺杆不应高出螺母平面 3mm。

(4)割焊井口的焊口处应增焊呈 90°均布的加强筋四块，加强筋的尺寸应为长 100mm、宽 30mm、厚 7mm。

(5)套补距、油补距校核误差允许为±5mm。

(6)油、水井换井口装置后，用清水试压至 15MPa 以上(或根据实际需要工作压力的1.5～2 倍)。经 30min，检查压降不大于 0.5MPa。

(7)气井更换井口装置后，应做气密检验，检验压力为井口工作压力的 1.5～2 倍。

(8)更换后的井口装置应进行通井。

(9)拆装井口时要配合协调，防止砸伤人。

(10)井口动火前，应按规定办理井口动火手续，并呈报有关部门批准后方可施工。

7.11 空 井 压 井

(1)处理方法：空井发生溢流，不能把管柱下入井内时，应迅速关井，记录关井立压，然后用置换法压井(7.3 节)将井内气体排除。

(2)原理：用置换法压井(7.3 节)排除气侵。

(3)操作方法：用置换法压井(7.3 节)。

(4)用置换法压井如果溢流量很小，可以考虑压回法。

7.12 起下钻中发生溢流后的压井

在起下钻过程中，常常由于抽汲或未及时灌钻井液使井底压力小于地层压力而引起溢流。在起下钻过程中发生溢流后，因钻具不在井底，给压井带来很多困难，必须根据不同情况采用不同方法进行控制。在起下钻中，若发现溢流显示，则必须停止起下钻作业，抢装钻具止回阀，立即关井检查。根据具体情况采取以下方法压井。

(1)暂时压井后下钻的方法。发生溢流关井后，由于一般溢流在钻头以下，直接循环无法排除溢流，可采用在钻头以上井段替成压井液暂时把井压住后，开井抢下钻杆的方法压井。钻具下到井底后，用司钻法排除溢流即可恢复正常。

这种方法实际上就是工程师法的具体应用，只是将钻头处当成"井底"。根据关井立压确定暂时压井液密度和压井循环立压的方法同工程师法类似，但是要注意此时的低泵速泵压需要重新测定。压井循环时，在压井液进入环空前，保持压井排量不变，调节节流阀控制套压为关井套压并保持不变；压井液进入环空后，调节节流阀控制立压为终了循环压力并保持不变。直到压井液返至地面，至此替压井液结束。此时关井套压应为零。井口压力为零后，开井抢下钻杆，力争下钻到底，下钻到底后，则用司钻法排除溢流，即可恢复正常。若下钻途中，再次发生井涌，则重复上述步骤，再次压井后下钻。

(2)等候循环排溢流法。关井后，控制套压在安全允许压力范围内，等候天然气溢流滑脱上升到钻头以上，然后用司钻法排除溢流，即可恢复正常。通常，天然气在井内钻井液中的滑脱上升速度为270～360m/h。

7.13 漏喷同存的压井方法

当井喷与漏失发生在同一裸眼井段时，首先要解决漏失问题，否则，压井时因压井液的漏失而无法维持井底压力略大于地层压力。根据产生又喷又漏的不同原因，其表现形式可分为上喷下漏、下喷上漏和同层又喷又漏。

1. 上喷下漏的处理

上喷下漏俗称"上吐下泻"。这是因在高压层以下钻遇低压层(裂缝、孔隙十分发育)时，井漏将使在用钻井液和储备钻井液消耗殆尽，井内得不到钻井液补充，因液柱压力降低而导致上部高压层井喷。其处理步骤如下。

(1)在高压层以下发生井漏，应立即停止循环，定时定量间歇性反灌钻井液，尽可能维持一定液面来保持井内液柱压力略大于高压层的地层压力。确定反灌钻井液量和间隔时间有 3 种方法：第一种是根据地区钻井资料分析统计出的经验数据决定；第二种是测定漏速后决定；第三种是由建立的钻井液漏速计算公式决定。最简单的漏速计算公式如下：

$$Q = \frac{\pi D^2 h}{4T} \tag{7.13-1}$$

式中，Q 为漏速，m^3/h；h 为时间 T 内井筒动液面下降高度，m；T 为时间，min；D 为井眼平均直径，m。

(2)反灌钻井液的密度应是产层压力当量钻井液密度与安全附加当量钻井液密度之和。

(3)可通过钻具注入加入堵漏材料的加重钻井液。

(4)当漏速减小，井内液柱压力与地层压力呈现暂时动平衡状态后，可着手堵漏并检测漏层的承压能力，堵漏成功后就可实施压井。

2. 下喷上漏的处理

当钻遇高压地层发生溢流后，提高钻井液密度压井而将高压层上部某地层压漏后，就会出现下喷上漏现象。处理方法是：立即停止循环，定时定量间歇性反灌钻井液，然后隔开喷层和漏层，再堵漏以提高漏层的承受能力，最后压井。在处理过程中，必须保证高压层以上的液柱压力大于高压层的底层压力，避免再次发生井喷。隔离喷层和漏层及堵漏压井的方法如下。

(1)通过环空灌入加有堵漏材料的加重钻井液，同时从钻具中注入加有堵漏材料的加重钻井液。加有堵漏材料的钻井液，既能保持或增加液柱压力，也可减小低压层漏失和堵漏。

(2)在环空灌入加重钻井液，在保持或增加液柱压力的同时，注入胶质水泥，封堵漏层进行堵漏。

(3)上述方法无效时，可采用重晶石塞-水泥-重晶石塞-胶质水泥或注入水泥隔离高低压层，堵漏成功后继续实施压井。

3. 同层又喷又漏的处理

同层又喷又漏多发生在裂缝、孔洞发育的地层，或压井时井底压力与井眼周围产层压力恢复速度不同步的产层。这种地层对井底压力变化十分敏感，井底压力稍大则漏、稍小则喷。处理方法是：通过环空或钻具注入加重后的钻井液，钻井液中加入堵漏材料。此法若不成功，可在维持喷漏层以上必需的液柱压力的同时，采用胶质水泥或水泥堵漏，堵漏成功后压井。

7.14　平　衡　点　法

平衡点法适用于井内钻井液喷空后的天然气井压井，要求井口条件为防喷器完好并且关闭，钻柱在井底，天然气经过放喷管线放喷。这种压井方法是一次循环法在特殊情况下压井的具体应用。如图 7.14-1 所示，此方法的基本原理是：设钻井液喷空后的天然气井在压井过程中，环空存在一个"平衡点"。所谓平衡点，即压井钻井液返至该点时，井口控制的套压与平衡点以下压井钻井液静液柱压力之和能够平衡地层压力。

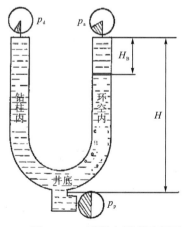

图 7.14-1　平衡点原理示意图

压井时，当压井钻井液未返至平衡点前，为了尽快在环空建立起液柱压力，压井排量应以在用缸套下的最大泵压计算，保持套压等于最大允许套压；当压井钻井液返至平衡点后，为了减小设备负荷，可采用压井排量循环，控制立管总压力等于终了循环压力，直至压井钻井液返出井口，套压降至零。

7.14.1　平衡点的计算

平衡点计算的核心问题是计算平衡点深度，平衡点深度计算公式如下：

$$H_B = \frac{P_{aB}}{0.0098\rho_k} \tag{7.14-1}$$

式中，H_B 为平衡点深度，m；P_{aB} 为最大允许控制套压，MPa。

根据式(7.14-1)，压井过程中控制的最大套压等于"平衡点"以上至井口压井钻井液静液柱压力。当压井钻井液返至"平衡点"以后，随着液柱压力的增加，控制套压减小至零，压井钻井液返至井口，井底压力始终维持一个常数，且略大于地层压力。因此，压井钻井液密度的确定尤其要慎重。

7.14.2　平衡点法的压井排量控制

压井液到达钻头前，可以采用较小的排量，进入环空开始上返时，为了尽快建立液柱，减少气侵，应尽可能开大排量，以设备允许的最高泵压作为压井最高泵压，然后据此泵压确定相应的排量。

7.14.3　平衡点法的压力控制

压力控制是压井施工的关键，根据钻井液喷空的压力平衡关系，以钻井液返至 H_B 井深为分界，将压井过程分为两个阶段。图 7.14-2 为平衡点法压井过程中立压和套压的变化曲线。

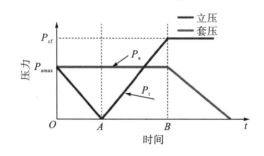

图 7.14-2　平衡点法压井过程中立压和套压的变化曲线

（1）第一阶段：钻井液未返到 H_B 井深以前，液柱压力低，与环空回压之和不能平衡地层压力，为尽可能提高对产层的压力，必须控制套压为最大允许套压 P_{amax}，并保持不变。立压开始注入钻井液时等于 P_{amax}，随着钻井液进入钻柱，钻柱内液柱压力增加，钻井液流动阻力也随之增大，但总的趋势是立压逐渐降低，进而成为负压（钻柱内的静液压力超过 P_{amax}，不加压就能流动，直至钻井液到达钻头）。钻井液进入环空后，环空液柱压力逐渐增加，因而立压 P_t 随着钻井液的上返而增高，钻井液到达 H_B 井深以后，立压上升至压井排量下的整个循环系统的流动阻力 P_{cf}。

（2）第二阶段：钻井液返过井深 H_B 以后直到井口，为保持井底压力平衡地层压力，此时应控制立压 P_{cf} 不变，随着环空液柱压力的增高，逐渐降低套压，从 P_{amax} 渐降为零。

参 考 文 献

[1] 《钻井手册（甲方）》编写组. 钻井手册（甲方）下册[M]. 北京：石油工业出版社，1990.

[2] 石油工业标准化技术委员会采油采气专业标准化委员会. 常规修井作业规程 第 9 部分：换井口装置：SY/T 5587.9—2021[S]. 北京：国家能源局，2021.

[3] 中国石油集团长城钻探工程分公司. 长城钻井公司健康安全环境作业文件[R]. 北京：中国石油集团长城钻探工程分公司，2003.

[4] 中国石油天然气总公司技术监督与安全环保局，石油天然气钻井工程专业标准化委员会. 石油天然气钻井健康、安全与环境管理体系指南：SY/T 6283—1997[S]. 北京：中国石油天然气总公司，1997.

[5] 石油钻井工程专业标准化委员会. 钻井井控装置 组合配套安装调试与维护：SY/T 5964—2006[S]. 北京：国家发展和改革委员会，2006.

[6] 石油钻井工程专业标准化委员会. 钻井井控技术规程：SY/T 6426—2005[S]. 北京：国家发展和改革委员会，2005.

[7] 孙振纯，夏月泉，徐明辉. 井控技术[M]. 北京：石油工业出版社，1997.

[8] 孔祥伟. 微流量地面自动控制系统关键技术研究[D]. 成都：西南石油大学，2014.

[9] 孔祥伟，林元华，邱伊婕. 控压钻井重力置换与溢流气侵判断准则分析[J]. 应用力学学报，2015，32（2）：317-322，358.

[10] 陈家琅，陈涛平. 石油气液两相管流[M]. 北京：石油工业出版社，2010.

[11] 孔祥伟，林元华，邱伊婕，等. 酸性气体在钻井液两相流动中的溶解度特性[J]. 天然气工业，2014，34（6）：97-101.

[12] 孔祥伟，林元华，何龙，等. 一种考虑虚拟质量力的两相压力波速经验模型[J]. 力学季刊，2015，36（4）：611-617.

[13] 孔祥伟，林元华，邱伊婕，等. 气侵钻井过程中井底衡压的节流阀开度控制研究[J]. 应用数学和力学，2014，35（5）：572-580.

[14] 孔祥伟，林元华，邱伊婕. 控压钻井中三相流体压力波速传播特性[J]. 力学学报，2014，46（6）：887-895.

[15] 孔祥伟，林元华，邱伊婕，等. 虚拟质量力对酸性气体-钻井液两相流波速的影响[J]. 计算力学学报，2014，31（5）：622-627.

[16] 孔祥伟，林元华，邱伊婕，等. 钻井中节流阀动作引发的气液两相压力响应时间研究[J]. 钻采工艺，2014，37（5）：9，39-41，44.

[17] 孔祥伟，林元华，邱伊婕. 控压钻井中两步关阀阀芯所受瞬变压力研究[J]. 应用力学学报，2014，31（4）：11，601-605.

[18] 孔祥伟，林元华，邱伊婕. 微流量控压钻井中节流阀动作对环空压力的影响[J]. 石油钻探技术，2014，42（3）：22-26.

[19] 郝俊芳. 平衡钻井与井控[M]. 北京：石油工业出版社，1992.

[20] 孔祥伟，林元华，邱伊婕. 下钻中气液两相激动压力滞后时间研究[J]. 应用力学学报，2014，31（5）：710-714，829.

[21] 孔祥伟，林元华，邱伊婕，等. 钻井泥浆泵失控/重载引发的波动压力[J]. 石油学报，2015，36（1）：114-119.

[22] 颜延杰. 实用井控技术[M]. 北京：石油工业出版社，2010.

[23] 长城钻探井控培训中心，辽河油田井控培训中心. 钻井井控技术与设备[M]. 北京：石油工业出版社，2012.

[24] 李天太，孙正义，李琪. 实用钻井水力学计算与应用[M]. 北京：石油工业出版社，2002.

[25] 陈平. 钻井与完井工程[M]. 北京：石油工业出版社，2005.

[26] Amin D，Iman S，Mohammad F N，等. 基于瞬时产量递减分析确定天然裂缝性油藏平均地层压力[J]. 石油勘探与开发，2015，42（2）：229-232.

附录 1 溢流压井法推荐选择表

井内工况（应用条件）

序号	压井法	钻进中	起下钻	空井	边远井	高含H₂S井	钻具水眼被堵塞	钻头泥包或被堵塞	钻井泵不能正常工作	关井套压接近最大允许关井套压	套管下得较深、裸眼短、产层渗透性好	钻杆堵塞或断裂、压裂、井液不能到达井底	产层下面有漏失层	致密高压低渗透性气层	地层压力清楚	套管下得浅、裸眼长	井内及设备安全	井内充满天然气	钻具不在井底或空井	起下钻柱过程中发生井漏	关井压力超过设备允许值	井口装置已经损坏	井口无法实施压井作业
1	司钻法	√			√	√								√	√		√						
2	工程师法	√			√	√								√	√		√						
3	循环加重法	√												√	√		√						
4	体积控制法		√	√			√	√		√													
5	平推法			√		√					√	√	√	√	√								
6	低节流法	√		√					√														
7	置换法			√								√						√	√	√			
8	强行下钻法		√	√			√	√	√		√		√	√	√	√	√		√	√			
9	钻头离开井底法	√								√													
10	立管压力法				√						√			√		√	√			√	√		
11	强换井口法																					√	
12	打救援井法																						√

附录 2 压井节流循环环空多相流井筒压力影响因素分析数据

附表 2.1 地面溢流体积与井筒气体体积变化关系

H/m	井筒气体体积/m³					
	Q_g=2.0m³	Q_g=1.5m³	Q_g=1.0m³	Q_g=0.7m³	Q_g=0.4m³	Q_g=0.2m³
0	2.009950	1.507463	1.004975	0.703483	0.401990	0.200995
50	1.341283	1.333611	0.860975	0.577687	0.299266	0.124810
100	1.230278	1.188713	0.743299	0.478592	0.226013	0.080679
150	1.132197	1.065700	0.645539	0.399293	0.172928	0.054556
200	1.044857	0.959831	0.563352	0.335134	0.134030	0.038648
250	0.966585	0.867755	0.493638	0.282803	0.105278	0.028665
300	0.896062	0.787011	0.434093	0.239853	0.083923	0.022186
350	0.832233	0.715732	0.382954	0.204426	0.067858	0.017792
400	0.774240	0.652464	0.338839	0.175083	0.055673	0.014697
450	0.721372	0.596053	0.300642	0.150690	0.046342	0.012438
500	0.673038	0.545564	0.267465	0.130344	0.039123	0.010737
550	0.628735	0.500228	0.238570	0.113319	0.033474	0.009422
600	0.588037	0.459406	0.213344	0.099029	0.029018	0.008380
650	0.550575	0.422558	0.191273	0.087036	0.025442	0.007537
700	0.516030	0.389227	0.171925	0.076895	0.022538	0.006845
750	0.484125	0.359020	0.154932	0.068291	0.020153	0.006266
800	0.454615	0.331598	0.139981	0.060966	0.018171	0.005776
850	0.427283	0.306666	0.126803	0.054707	0.016508	0.005357
900	0.401938	0.283965	0.115168	0.049337	0.015099	0.004982
950	0.378410	0.263271	0.104878	0.044713	0.013893	0.004656
1000	0.356546	0.244382	0.095797	0.040714	0.012852	0.004370
1050	0.336209	0.227122	0.087731	0.037241	0.011947	0.004117
1100	0.317275	0.211334	0.080555	0.034211	0.011154	0.003892
1150	0.299632	0.196878	0.074159	0.031568	0.010454	0.00369
1200	0.283180	0.183629	0.068448	0.029241	0.009834	0.003509
1250	0.267826	0.171475	0.063339	0.027184	0.009279	0.003344
1300	0.253488	0.160315	0.058760	0.025357	0.008782	0.003194
1350	0.240088	0.150060	0.054647	0.023728	0.008333	0.003056

续表

H/m	井筒气体体积/m³					
	Q_g=2.0m³	Q_g=1.5m³	Q_g=1.0m³	Q_g=0.7m³	Q_g=0.4m³	Q_g=0.2m³
1400	0.227557	0.140627	0.050945	0.022271	0.007926	0.002930
1450	0.215831	0.131944	0.047607	0.020962	0.007556	0.002814
1500	0.204853	0.123944	0.044590	0.019781	0.007217	0.002706
1550	0.194567	0.116567	0.041858	0.018712	0.006907	0.002606
1600	0.184926	0.109758	0.039377	0.017742	0.006621	0.002514
1650	0.175883	0.103469	0.037121	0.016858	0.006357	0.002427
1700	0.167396	0.097656	0.035064	0.016049	0.006112	0.002345
1750	0.159428	0.092276	0.033193	0.015308	0.005885	0.002269
1800	0.151942	0.087313	0.031479	0.014627	0.005673	0.002198
1850	0.144905	0.082711	0.029905	0.013999	0.005474	0.002130
1900	0.138288	0.078439	0.028458	0.013418	0.005283	0.002066
1950	0.132061	0.074471	0.027123	0.012879	0.005103	0.002006
2000	0.126199	0.070782	0.025891	0.012379	0.004935	0.001949
2050	0.120677	0.067349	0.024750	0.011913	0.004777	0.001895
2100	0.115474	0.064151	0.023692	0.011478	0.004628	0.001843
2150	0.110567	0.061169	0.022709	0.011072	0.004487	0.001794
2200	0.105938	0.058387	0.021794	0.010691	0.004354	0.001748
2250	0.101569	0.055789	0.020941	0.010333	0.004229	0.001703
2300	0.097443	0.053359	0.020143	0.009996	0.004109	0.001661
2350	0.093545	0.051086	0.019398	0.009679	0.003996	0.001620
2400	0.089859	0.048956	0.018698	0.009379	0.003888	0.001581
2450	0.086373	0.046959	0.018042	0.009096	0.003785	0.001544
2500	0.083086	0.045084	0.017425	0.008828	0.003688	0.001508
2550	0.079972	0.043323	0.016844	0.008574	0.003594	0.001474
2600	0.077021	0.041667	0.016296	0.008333	0.003505	0.001441
2650	0.074223	0.040109	0.015778	0.008103	0.003420	0.001409
2700	0.071569	0.038640	0.015289	0.007885	0.003338	0.001379
2750	0.069049	0.037254	0.014825	0.007677	0.003260	0.001343
2800	0.066656	0.035946	0.014386	0.007479	0.003184	0.001315
2850	0.064383	0.034717	0.013969	0.007289	0.003112	0.001288
2900	0.062221	0.033553	0.013572	0.007108	0.003043	0.001262
2950	0.060164	0.032451	0.013195	0.006935	0.002976	0.001238
3000	0.058207	0.031407	0.012836	0.006768	0.002912	0.001214
3050	0.056343	0.030415	0.012493	0.006609	0.002850	0.001190
3100	0.054567	0.029474	0.012166	0.006456	0.002791	0.001168
3150	0.052873	0.028580	0.011854	0.006310	0.002724	0.001146
3200	0.051258	0.027729	0.011555	0.006169	0.002670	0.001125
3250	0.049717	0.026919	0.011269	0.006033	0.002617	0.001105

续表

H/m	井筒气体体积/m³					
	Q_g=2.0m³	Q_g=1.5m³	Q_g=1.0m³	Q_g=0.7m³	Q_g=0.4m³	Q_g=0.2m³
3300	0.048244	0.026147	0.010995	0.005903	0.002567	0.001085
3350	0.046838	0.025410	0.010732	0.005777	0.002518	0.001065
3400	0.045493	0.024707	0.010480	0.005656	0.002471	0.001047
3450	0.044207	0.024036	0.010238	0.005538	0.002425	0.001029
3500	0.042976	0.023395	0.010005	0.005423	0.002380	0.001011
3550	0.041797	0.022781	0.009782	0.005310	0.002337	0.000994
3600	0.040667	0.022193	0.009567	0.005201	0.002296	0.000977
3650	0.039585	0.021630	0.009359	0.005096	0.002255	0.000961
3700	0.038546	0.021091	0.009159	0.004995	0.002216	0.000945
3750	0.037550	0.020573	0.008967	0.004890	0.002178	0.000930
3800	0.036593	0.020076	0.008781	0.004797	0.002141	0.000915
3850	0.035673	0.019598	0.008602	0.004707	0.002105	0.000901
3900	0.034794	0.019139	0.008428	0.004621	0.002070	0.000887
3950	0.033949	0.018698	0.008261	0.004537	0.002036	0.000873
4000	0.033136	0.018273	0.008099	0.004455	0.002003	0.000859
4050	0.032353	0.017864	0.007942	0.004376	0.001970	0.000846
4100	0.031598	0.017469	0.007791	0.004300	0.001939	0.000833
4150	0.030871	0.017089	0.007644	0.004225	0.001908	0.000821
4200	0.030171	0.016723	0.007502	0.004153	0.001878	0.000809
4250	0.029495	0.016369	0.007365	0.004083	0.001849	0.000797
4300	0.028842	0.016027	0.007231	0.004014	0.001821	0.000785
4350	0.028212	0.015697	0.007105	0.003948	0.001793	0.000774
4400	0.027604	0.015378	0.006982	0.003884	0.001767	0.000763
4450	0.027016	0.015069	0.006863	0.003821	0.001740	0.000752
4500	0.026448	0.014771	0.006748	0.003760	0.001715	0.000741
4550	0.025899	0.014482	0.006636	0.003700	0.001690	0.000731
4600	0.025367	0.014202	0.006527	0.003642	0.001665	0.000721
4650	0.024852	0.013931	0.006421	0.003586	0.001641	0.000711
4700	0.024354	0.013668	0.006317	0.003531	0.001618	0.000701
4750	0.023872	0.013414	0.006217	0.003477	0.001595	0.000691
4800	0.023404	0.013167	0.006119	0.003425	0.001573	0.000682
4850	0.022951	0.012927	0.006024	0.003374	0.001551	0.000673
4900	0.022511	0.012694	0.005932	0.003324	0.001529	0.000664
4950	0.022085	0.012469	0.005841	0.003276	0.001508	0.000655
5000	0.021671	0.012249	0.005753	0.003228	0.001488	0.000647
5050	0.021270	0.012036	0.005667	0.003182	0.001468	0.000638
5100	0.020880	0.011829	0.005584	0.003136	0.001448	0.000630

续表

H/m	井筒气体体积/m³					
	Q_g=2.0m³	Q_g=1.5m³	Q_g=1.0m³	Q_g=0.7m³	Q_g=0.4m³	Q_g=0.2m³
5150	0.020501	0.011628	0.005502	0.003092	0.001429	0.000622
5200	0.020133	0.011447	0.005419	0.003049	0.001410	0.000614
5250	0.019776	0.011262	0.005338	0.003007	0.001392	0.000606
5300	0.019428	0.011082	0.005259	0.002965	0.001374	0.000599
5350	0.019090	0.010907	0.005182	0.002925	0.001356	0.000591
5400	0.018761	0.010736	0.005107	0.002885	0.001339	0.000584
5450	0.018441	0.010570	0.005033	0.002846	0.001322	0.000577
5500	0.018130	0.010408	0.004961	0.002809	0.001305	0.000570
5550	0.017827	0.010250	0.004891	0.002771	0.001289	0.000563
5600	0.017531	0.010096	0.004823	0.002735	0.001273	0.000556
5650	0.017244	0.009946	0.004756	0.002699	0.001257	0.000549
5700	0.016963	0.009800	0.004690	0.002665	0.001241	0.000542
5750	0.016691	0.009657	0.004626	0.002630	0.001226	0.000536
5800	0.016424	0.009517	0.004564	0.002597	0.001211	0.000530
5850	0.016165	0.009381	0.004502	0.002564	0.001197	0.000523
5900	0.015942	0.009248	0.004442	0.002532	0.001182	0.000517
5950	0.015703	0.009118	0.004384	0.002500	0.001168	0.000511
6000	0.015470	0.008990	0.004326	0.002469	0.001154	0.000505

附表 2.2 地面溢流增量与井筒气体体积增量关系

H/m	井筒气体体积/m³	井筒气体体积增量/m³				
	Q_g=0.2m³	ΔQ_g=0.2m³	ΔQ_g=0.5m³	ΔQ_g=0.8m³	ΔQ_g=1.3m³	ΔQ_g=1.8m³
0	0.200995	0.200995	0.502488	0.803980	1.306468	1.808955
50	0.124810	0.174456	0.452877	0.736165	1.208801	1.216473
100	0.080679	0.145334	0.397913	0.662620	1.108034	1.149599
150	0.054556	0.118372	0.344737	0.590983	1.011144	1.077641
200	0.038648	0.095382	0.296486	0.524704	0.921183	1.006209
250	0.028665	0.076613	0.254138	0.464973	0.839090	0.937920
300	0.022186	0.061737	0.217667	0.411907	0.764825	0.873876
350	0.017792	0.050066	0.186634	0.365162	0.697940	0.814441
400	0.014697	0.040976	0.160386	0.324142	0.637767	0.759543
450	0.012438	0.033904	0.138252	0.288204	0.583615	0.708934
500	0.010737	0.028386	0.119607	0.256728	0.534827	0.662301
550	0.009422	0.024052	0.103897	0.229148	0.490806	0.619313
600	0.008380	0.020638	0.090649	0.204964	0.451026	0.579657
650	0.007537	0.017905	0.079499	0.183736	0.415021	0.543038
700	0.006845	0.015693	0.070050	0.165080	0.382382	0.509185

H/m	井筒气体体积/m^3	井筒气体体积增量/m^3				
	Q_g=0.2m^3	ΔQ_g=0.2m^3	ΔQ_g=0.5m^3	ΔQ_g=0.8m^3	ΔQ_g=1.3m^3	ΔQ_g=1.8m^3
750	0.006266	0.013887	0.062025	0.148666	0.352754	0.477859
800	0.005776	0.012395	0.055190	0.134205	0.325822	0.448839
850	0.005357	0.011151	0.049350	0.121446	0.301309	0.421926
900	0.004982	0.010117	0.044355	0.110186	0.278983	0.396956
950	0.004656	0.009237	0.040057	0.100222	0.258615	0.373754
1000	0.004370	0.008482	0.036344	0.091427	0.240012	0.352176
1050	0.004117	0.007830	0.033124	0.083614	0.223005	0.332092
1100	0.003892	0.007262	0.030319	0.076663	0.207442	0.313383
1150	0.003690	0.006764	0.027878	0.070469	0.193188	0.295942
1200	0.003509	0.006325	0.025732	0.064939	0.180120	0.279671
1250	0.003344	0.005935	0.023840	0.059995	0.168131	0.264482
1300	0.003194	0.005588	0.022163	0.055566	0.157121	0.250294
1350	0.003056	0.005277	0.020672	0.051591	0.147004	0.237032
1400	0.002930	0.004996	0.019341	0.048015	0.137697	0.224627
1450	0.002814	0.004742	0.018148	0.044793	0.129130	0.213017
1500	0.002706	0.004511	0.017075	0.041884	0.121238	0.202147
1550	0.002606	0.004301	0.016106	0.039252	0.113961	0.191961
1600	0.002514	0.004107	0.015228	0.036863	0.107244	0.182412
1650	0.002427	0.003930	0.014431	0.034694	0.101042	0.173456
1700	0.002345	0.003767	0.013704	0.032719	0.095311	0.165051
1750	0.002269	0.003616	0.013039	0.030924	0.090007	0.157159
1800	0.002198	0.003475	0.012429	0.029281	0.085115	0.149744
1850	0.002130	0.003344	0.011869	0.027775	0.080581	0.142775
1900	0.002066	0.003217	0.011352	0.026392	0.076373	0.136222
1950	0.002006	0.003097	0.010873	0.025117	0.072465	0.130055
2000	0.001949	0.002986	0.010430	0.023942	0.068833	0.124250
2050	0.001895	0.002882	0.010018	0.022855	0.065454	0.118782
2100	0.001843	0.002785	0.009635	0.021849	0.062308	0.113631
2150	0.001794	0.002693	0.009278	0.020915	0.059375	0.108773
2200	0.001748	0.002606	0.008943	0.020046	0.056639	0.104190
2250	0.001703	0.002526	0.008630	0.019238	0.054086	0.099866
2300	0.001661	0.002448	0.008335	0.018482	0.051698	0.095782
2350	0.001620	0.002376	0.008059	0.017778	0.049466	0.091925
2400	0.001581	0.002307	0.007798	0.017117	0.047375	0.088278
2450	0.001544	0.002241	0.007552	0.016498	0.045415	0.084829
2500	0.001508	0.002180	0.007320	0.015917	0.043576	0.081578
2550	0.001474	0.002120	0.007100	0.015370	0.041849	0.078498

续表

H/m	井筒气体体积/m³	井筒气体体积增量/m³				
	$Q_g=0.2m^3$	$\Delta Q_g=0.2m^3$	$\Delta Q_g=0.5m^3$	$\Delta Q_g=0.8m^3$	$\Delta Q_g=1.3m^3$	$\Delta Q_g=1.8m^3$
2600	0.001441	0.002064	0.006892	0.014855	0.040226	0.075580
2650	0.001409	0.002011	0.006694	0.014369	0.038700	0.072814
2700	0.001379	0.001959	0.006506	0.013910	0.037261	0.07019
2750	0.001343	0.001917	0.006334	0.013482	0.035911	0.067706
2800	0.001315	0.001869	0.006164	0.013071	0.034631	0.065341
2850	0.001288	0.001824	0.006001	0.012681	0.033429	0.063095
2900	0.001262	0.001781	0.005846	0.012310	0.032291	0.060959
2950	0.001238	0.001738	0.005697	0.011957	0.031213	0.058926
3000	0.001214	0.001698	0.005554	0.011622	0.030193	0.056993
3050	0.001190	0.001660	0.005419	0.011303	0.029225	0.055153
3100	0.001168	0.001623	0.005288	0.010998	0.028306	0.053399
3150	0.001146	0.001578	0.005164	0.010708	0.027434	0.051727
3200	0.001125	0.001545	0.005044	0.010430	0.026604	0.050133
3250	0.001105	0.001512	0.004928	0.010164	0.025814	0.048612
3300	0.001085	0.001482	0.004818	0.009910	0.025062	0.047159
3350	0.001065	0.001453	0.004712	0.009667	0.024345	0.045773
3400	0.001047	0.001424	0.004609	0.009433	0.023660	0.044446
3450	0.001029	0.001396	0.004509	0.009209	0.023007	0.043178
3500	0.001011	0.001369	0.004412	0.008994	0.022384	0.041965
3550	0.000994	0.001343	0.004316	0.008788	0.021787	0.040803
3600	0.000977	0.001319	0.004224	0.00859	0.021216	0.039690
3650	0.000961	0.001294	0.004135	0.008398	0.020669	0.038624
3700	0.000945	0.001271	0.004050	0.008214	0.020146	0.037601
3750	0.000930	0.001248	0.003960	0.008037	0.019643	0.036620
3800	0.000915	0.001226	0.003882	0.007866	0.019161	0.035678
3850	0.000901	0.001204	0.003806	0.007701	0.018697	0.034772
3900	0.000887	0.001183	0.003734	0.007541	0.018252	0.033907
3950	0.000873	0.001163	0.003664	0.007388	0.017825	0.033076
4000	0.000859	0.001144	0.003596	0.00724	0.017414	0.032277
4050	0.000846	0.001124	0.003530	0.007096	0.017018	0.031507
4100	0.000833	0.001106	0.003467	0.006958	0.016636	0.030765
4150	0.000821	0.001087	0.003404	0.006823	0.016268	0.03005
4200	0.000809	0.001069	0.003344	0.006693	0.015914	0.029362
4250	0.000797	0.001052	0.003286	0.006568	0.015572	0.028698
4300	0.000785	0.001036	0.003229	0.006446	0.015242	0.028057
4350	0.000774	0.001019	0.003174	0.006331	0.014923	0.027438
4400	0.000763	0.001004	0.003121	0.006219	0.014615	0.026841
4450	0.000752	0.000988	0.003069	0.006111	0.014317	0.026264

H/m	井筒气体体积/m³	井筒气体体积增量/m³				
	Q_g=0.2m³	ΔQ_g=0.2m³	ΔQ_g=0.5m³	ΔQ_g=0.8m³	ΔQ_g=1.3m³	ΔQ_g=1.8m³
4500	0.000741	0.000974	0.003019	0.006007	0.01403	0.025707
4550	0.000731	0.000959	0.002969	0.005905	0.013751	0.025168
4600	0.000721	0.000944	0.002921	0.005806	0.013481	0.024646
4650	0.000711	0.000930	0.002875	0.005710	0.013220	0.024141
4700	0.000701	0.000917	0.002830	0.005616	0.012967	0.023653
4750	0.000691	0.000904	0.002786	0.005526	0.012723	0.023181
4800	0.000682	0.000891	0.002743	0.005437	0.012485	0.022722
4850	0.000673	0.000878	0.002701	0.005351	0.012254	0.022278
4900	0.000664	0.000865	0.002660	0.005268	0.012030	0.021847
4950	0.000655	0.000853	0.002621	0.005186	0.011814	0.021430
5000	0.000647	0.000841	0.002581	0.005106	0.011602	0.021024
5050	0.000638	0.000830	0.002544	0.005029	0.011398	0.020632
5100	0.00063	0.000818	0.002506	0.004954	0.011199	0.020250
5150	0.000622	0.000807	0.002470	0.004880	0.011006	0.019879
5200	0.000614	0.000796	0.002435	0.004805	0.010833	0.019519
5250	0.000606	0.000786	0.002401	0.004732	0.010656	0.019170
5300	0.000599	0.000775	0.002366	0.004660	0.010483	0.018829
5350	0.000591	0.000765	0.002334	0.004591	0.010316	0.018499
5400	0.000584	0.000755	0.002301	0.004523	0.010152	0.018177
5450	0.000577	0.000745	0.002269	0.004456	0.009993	0.017864
5500	0.000570	0.000735	0.002239	0.004391	0.009838	0.017560
5550	0.000563	0.000726	0.002208	0.004328	0.009687	0.017264
5600	0.000556	0.000717	0.002179	0.004267	0.009540	0.016975
5650	0.000549	0.000708	0.002150	0.004207	0.009397	0.016695
5700	0.000542	0.000699	0.002123	0.004148	0.009258	0.016421
5750	0.000536	0.000690	0.002094	0.004090	0.009121	0.016155
5800	0.000530	0.000681	0.002067	0.004034	0.008987	0.015894
5850	0.000523	0.000674	0.002041	0.003979	0.008858	0.015642
5900	0.000517	0.000665	0.002015	0.003925	0.008731	0.015425
5950	0.000511	0.000657	0.001989	0.003873	0.008607	0.015192
6000	0.000505	0.000649	0.001964	0.003821	0.008485	0.014965

附录 3 压井施工单

附表 3.1 平推法压井施工单

队号：江汉钻井 70152　　井号：SB53-2H 井　　填写人姓名：***　　日期：2022/9/26（时间 18：48：09）

平推压井钻井工况输入：反注循环，井筒有井漏，井漏速度为 15000m³/d

钻具尺寸输入			地层强度数据输入		
钻杆尺寸（外径）	127.00	mm	破裂压力试验地面压力	—	MPa
钻杆尺寸（内径）	108.60	mm	试验时泥浆密度	—	g/cm³
钻铤尺寸（外径）	177.80	mm	地层压力	136.00	MPa
钻铤尺寸（内径）	78.00	mm	地层破裂压力	143.00	MPa
套管尺寸（内径）	200.03	mm	泵参数输入		

井眼数据输入					
			1#泵排量	30 冲/min	30.00	L/冲
尺寸	241.30	mm	2#泵排量	30 冲/min	30.00	L/冲
斜深	8157.00	m	3#泵排量	0 冲/min	30.00	L/冲
垂深	8157.00	m	低泵冲泵压数据		冲数	泵压/MPa
套管鞋深	7777.00	m			4	4

钻具长度数据输入			井筒体积参数输出		
钻杆	7777	m	钻柱通道压耗	—	MPa
钻铤	200	m	环空通道压耗	—	MPa
钻头距井底距离	180	m	钻头压降	1.246	MPa
溢流参数输入			地面管汇压耗	0.133	MPa
原泥浆密度	1.26	g/cm³	流体流态	混合摩擦区	
溢流深度	8157	m	井筒总体积	50.73	m³

压井参数设计					
准备重浆体积	50.73	m³	平推压力窗口	7.00	MPa
压井时间	60.32	min	压井液最大排量	1248.36	L/min
压井液最小密度	1.13	g/cm³	压井液最小排量	524.36	L/min
压井液最大密度	1.19	g/cm³	设计排量	900.00	L/min
设计密度	1.75	g/cm³	推回地层压力差	1.91	MPa

压井结果评价：

评价人：_____

附表 3.2   工程师法压井施工单

队号：派特罗尔 8001   井号：SB53-1H 井   填写人姓名：***   日期：2022/9/26（时间 18：58：12）

钻具尺寸输入			地层强度数据输入		
钻杆尺寸（外径）	0.13	mm	破裂压力试验地面压力	4.00	MPa
钻杆尺寸（内径）	0.11	mm	试验时泥浆密度	2.43	g/cm^3
钻铤尺寸（外径）	0.18	mm	地层压力	68.25	MPa
钻铤尺寸（内径）	0.06	mm	地层破裂压力	75.36	MPa
套管尺寸（内径）	0.27	mm	泵参数输入		
井筒参数			1#泵排量	30 冲/min	30.00	L/冲
套管鞋深	4260.97	m	2#泵排量	30 冲/min	30.00	L/冲
井筒深度	4275.00	m	3#泵排量	0 冲/min	30.00	L/冲
钻铤长度	190.00	m	低泵冲泵压数据		冲数	泵压 MPa
钻杆长度		m			4	4
溢流参数						
地面温度	293.00	℃/m	原泥浆密度	1.8	g/cm^3
地温梯度	0.01	℃/m	溢流体积	2	m^3
原钻柱内流动阻力	11.2	MPa	天然气密度	0.6	g/cm^3
压井参数设计						
准备重浆体积	265.586	cm^3	压井泥浆排量	660.00	L/min
准备压井时间	344.917	min	关井套压	23.00	MPa
压井液最大密度	1.799	g/cm^3	压井压力窗口	7.11	MPa
压井液最小密度	1.629	g/cm^3	初始泵压	34.19	MPa
压井液密度设计	1.910	g/cm^3	终止套管鞋压力	102.75	MPa

压井结果评价：

评价人：_____

附表 3.3　置换法压井施工单

队号：川 405　　井号：河坝 1 井　　填写人姓名：***　　日期：2019-09-15(时间：13：13：08)

置换法压井钻井工况输入：空井置换压井(不考虑气体重量)

钻具尺寸输入			地层强度数据输入		
钻杆尺寸(外径)	—	mm	破裂压力试验地面压力	—	MPa
钻杆尺寸(外径)	—	mm	试验时泥浆密度	—	g/cm³
钻铤尺寸(外径)	—	mm	地层压力	68.25	MPa
钻铤尺寸(外径)	—	mm	地层破裂压力	77.36	MPa
套管尺寸(外径)	224.41	mm	泵参数输入		
井眼数据输入			1#泵排量	30 冲/min	30.00	L/冲
尺寸	—	mm	2#泵排量	30 冲/min	30.00	L/冲
斜深	4975.50	m	3#泵排量	0 冲/min	30.00	L/冲
垂深	4975.50	m	低泵冲泵压数据	冲数	泵压/MPa
套管鞋深	3000.00	m		4	4
钻具长度数据输入			井筒体积参数输出		
钻杆	—	m	套管段环空体积	—	m³
钻铤	—	m	裸眼段环空体积	—	m³
钻头距井底距离	—	m	钻柱内体积	—	m³
溢流参数输入			套管段井筒体积	118.597	m³
原泥浆密度	1.5	g/cm³	裸眼段井筒体积	72.286	m³
溢流深度	4975.5	m	井筒总体积	190.88	m³

压井参数设计

准备重浆体积	190.88	m³	原钻井液密度	1.50	g/cm³
泵入次数	8	次	置换压力窗口	9.11	MPa
置换时间	371.85	min	最大允许泥浆密度	77.50	g/cm³
泥浆下落初速度	3.82	m/s	放喷时间间隔	30.00	min
压井泥浆密度	1.40	g/cm³	初始泵压	68.25	MPa

压井结果评价：

评价人：_____

附录4 典型井压井施工参数输出结果

附表4.1 顺南5井平推法压井施工参数输出结果

序号	施工时间/min	气体体积变化时间记录/min	施工	井口压力/MPa	注入体积/m³	注入总体积/m³	注入高度/m	井底压力/MPa
0	0.00	0.00	关井	8.12	0.00	0.00	0.00	65.000
1	0.00	0.00	泵重浆	8.12	0.00	0.00	0.00	65.000
2	1.00	1.00	体积压缩	9.40	1.20	1.20	286.62	65.000
3	2.00	2.00	体积压缩	9.77	2.40	2.40	286.62	65.000
4	3.00	3.00	体积压缩	10.24	3.60	3.60	286.62	65.000
5	4.00	4.00	体积压缩	10.84	4.80	4.80	286.62	65.000
6	5.00	5.00	体积压缩	11.61	6.00	6.00	286.62	65.000
7	6.00	6.00	体积压缩	12.61	7.20	7.20	286.62	65.000
8	7.00	7.00	体积压缩	13.88	8.40	8.40	286.62	65.000
9	8.00	8.00	体积压缩	15.52	9.60	9.60	286.62	65.000
10	9.00	9.00	体积压缩	17.62	10.80	10.80	286.62	65.000
11	10.00	10.00	体积压缩	20.32	12.00	12.00	286.62	65.000
12	11.00	11.00	体积压缩	23.79	13.20	13.20	286.62	65.000
13	12.00	1.00	压回地层	22.08	1.20	14.40	286.62	65.509
14	13.00	2.00	压回地层	21.95	2.40	15.60	117.01	65.509
15	14.00	3.00	压回地层	21.82	3.60	16.80	117.01	65.509
16	15.00	4.00	压回地层	21.69	4.80	18.00	26.25	65.509
17	16.00	5.00	压回地层	21.55	6.00	19.20	26.25	65.509
18	17.00	6.00	压回地层	21.42	7.20	20.40	26.25	65.509
19	18.00	7.00	压回地层	21.29	8.40	21.60	26.25	65.509
20	19.00	8.00	压回地层	21.16	9.60	22.80	26.25	65.509
21	20.00	9.00	压回地层	21.03	10.80	24.00	26.25	65.509
22	21.00	10.00	压回地层	20.90	12.00	25.20	26.25	65.509
23	22.00	11.00	压回地层	20.76	13.20	26.40	26.25	65.509
24	23.00	12.00	压回地层	20.63	14.40	27.60	26.25	65.509
25	24.00	13.00	压回地层	20.50	15.60	28.80	26.25	65.509
26	25.00	14.00	压回地层	20.37	16.80	30.00	26.25	65.509

序号	施工时间/min	气体体积变化时间记录/min	施工	井口压力/MPa	注入体积/m³	注入总体积/m³	注入高度/m	井底压力/MPa
27	26.00	15.00	压回地层	20.24	18.00	31.20	26.25	65.509
28	27.00	16.00	压回地层	20.11	19.20	32.40	26.25	65.509
29	28.00	17.00	压回地层	19.97	20.40	33.60	26.25	65.509
30	29.00	18.00	压回地层	19.84	21.60	34.80	26.25	65.509
31	30.00	19.00	压回地层	19.71	22.80	36.00	26.25	65.509
32	31.00	20.00	压回地层	19.58	24.00	37.20	26.25	65.509
33	32.00	21.00	压回地层	19.45	25.20	38.40	26.25	65.509
34	33.00	22.00	压回地层	19.32	26.40	39.60	26.25	65.509
35	34.00	23.00	压回地层	19.19	27.60	40.80	26.25	65.509
36	35.00	24.00	压回地层	19.05	28.80	42.00	26.25	65.509
37	36.00	25.00	压回地层	18.92	30.00	43.20	26.25	65.509
38	37.00	26.00	压回地层	18.79	31.20	44.40	26.25	65.509
39	38.00	27.00	压回地层	18.66	32.40	45.60	26.25	65.509
40	39.00	28.00	压回地层	18.53	33.60	46.80	26.25	65.509
41	40.00	29.00	压回地层	18.4	34.80	48.00	26.25	65.509
42	41.00	30.00	压回地层	18.26	36.00	49.20	26.25	65.509
43	42.00	31.00	压回地层	18.13	37.20	50.40	26.25	65.509
44	43.00	32.00	压回地层	18.00	38.40	51.60	26.25	65.509
45	44.00	33.00	压回地层	17.87	39.60	52.80	26.25	65.509
46	45.00	34.00	压回地层	17.74	40.80	54.00	26.25	65.509
47	46.00	35.00	压回地层	17.61	42.00	55.20	26.25	65.509
48	47.00	36.00	压回地层	17.48	43.20	56.40	26.25	65.509
49	48.00	37.00	压回地层	17.34	44.40	57.60	26.25	65.509
50	49.00	38.00	压回地层	17.21	45.60	58.80	26.25	65.509
51	50.00	39.00	压回地层	17.08	46.80	60.00	26.25	65.509
52	51.00	40.00	压回地层	16.95	48.00	61.20	26.25	65.509
53	52.00	41.00	压回地层	16.82	49.20	62.40	26.25	65.509
54	53.00	42.00	压回地层	16.69	50.40	63.60	26.25	65.509
55	54.00	43.00	压回地层	16.55	51.60	64.80	26.25	65.509
56	55.00	44.00	压回地层	16.42	52.80	66.00	26.25	65.509
57	56.00	45.00	压回地层	16.29	54.00	67.20	26.25	65.509
58	57.00	46.00	压回地层	16.16	55.20	68.40	26.25	65.509
59	58.00	47.00	压回地层	16.03	56.40	69.60	26.25	65.509
60	59.00	48.00	压回地层	15.9	57.60	70.80	26.25	65.509

续表

序号	施工时间/min	气体体积变化时间记录/min	施工	井口压力/MPa	注入体积/m³	注入总体积/m³	注入高度/m	井底压力/MPa
61	60.00	49.00	压回地层	15.76	58.80	72.00	26.25	65.509
62	61.00	50.00	压回地层	15.63	60.00	73.20	26.25	65.509
63	62.00	51.00	压回地层	15.50	61.20	74.40	26.25	65.509
64	63.00	52.00	压回地层	15.37	62.40	75.60	26.25	65.509
65	64.00	53.00	压回地层	15.24	63.60	76.80	26.25	65.509
66	65.00	54.00	压回地层	15.11	64.80	78.00	26.25	65.509
67	66.00	55.00	压回地层	14.98	66.00	79.20	26.25	65.509
68	67.00	56.00	压回地层	14.84	67.20	80.40	26.25	65.509
69	68.00	57.00	压回地层	14.71	68.40	81.60	26.25	65.509
70	69.00	58.00	压回地层	14.58	69.60	82.80	26.25	65.509
71	70.00	59.00	压回地层	14.45	70.80	84.00	26.25	65.509
72	71.00	60.00	压回地层	14.32	72.00	85.20	26.25	65.509
73	72.00	61.00	压回地层	14.19	73.20	86.40	26.25	65.509
74	73.00	62.00	压回地层	14.05	74.40	87.60	26.25	65.509
75	74.00	63.00	压回地层	13.92	75.60	88.80	26.25	65.509
76	75.00	64.00	压回地层	13.79	76.80	90.00	26.25	65.509
77	76.00	65.00	压回地层	13.66	78.00	91.20	26.25	65.509
78	77.00	66.00	压回地层	13.53	79.20	92.40	26.25	65.509
79	78.00	67.00	压回地层	13.40	80.40	93.60	26.25	65.509
80	79.00	68.00	压回地层	13.27	81.60	94.80	26.25	65.509
81	80.00	69.00	压回地层	13.13	82.80	96.00	26.25	65.509
82	81.00	70.00	压回地层	13.00	84.00	97.20	26.25	65.509
83	82.00	71.00	压回地层	12.87	85.20	98.40	26.25	65.509
84	83.00	72.00	压回地层	12.74	86.40	99.60	26.25	65.509
85	84.00	73.00	压回地层	12.61	87.60	100.80	26.25	65.509
86	85.00	74.00	压回地层	12.48	88.80	102.00	26.25	65.509
87	86.00	75.00	压回地层	12.34	90.00	103.20	26.25	65.509
88	87.00	76.00	压回地层	12.21	91.20	104.40	26.25	65.509
89	88.00	77.00	压回地层	12.08	92.40	105.60	26.25	65.509
90	89.00	78.00	压回地层	11.95	93.60	106.80	26.25	65.509
91	90.00	79.00	压回地层	11.82	94.80	108.00	26.25	65.509
92	91.00	80.00	压回地层	11.69	96.00	109.20	26.25	65.509
93	92.00	81.00	压回地层	11.55	97.20	110.40	26.25	65.509
94	93.00	82.00	压回地层	11.42	98.40	111.60	26.25	65.509

序号	施工时间/min	气体体积变化时间记录/min	施工	井口压力/MPa	注入体积/m³	注入总体积/m³	注入高度/m	井底压力/MPa
95	94.00	83.00	压回地层	11.29	99.60	112.80	26.25	65.509
96	95.00	84.00	压回地层	11.16	100.80	114.00	26.25	65.509
97	96.00	85.00	压回地层	11.03	102.00	115.20	26.25	65.509
98	97.00	86.00	压回地层	10.9	103.20	116.40	26.25	65.509
99	98.00	87.00	压回地层	10.77	104.40	117.60	26.25	65.509
100	99.00	88.00	压回地层	10.63	105.60	118.80	26.25	65.509
101	100.00	89.00	压回地层	10.50	106.80	120.00	26.25	65.509
102	101.00	90.00	压回地层	10.37	108.00	121.20	26.25	65.509
103	102.00	91.00	压回地层	10.24	109.20	122.40	26.25	65.509
104	103.00	92.00	压回地层	10.11	110.40	123.60	26.25	65.509
105	104.00	93.00	压回地层	9.98	111.60	124.80	26.25	65.509
106	105.00	94.00	压回地层	9.84	112.80	126.00	26.25	65.509
107	106.00	95.00	压回地层	9.71	114.00	127.20	26.25	65.509
108	107.00	96.00	压回地层	9.58	115.20	128.40	26.25	65.509
109	108.00	97.00	压回地层	9.45	116.40	129.60	26.25	65.509
110	109.00	98.00	压回地层	9.32	117.60	130.80	26.25	65.509
111	110.00	99.00	压回地层	9.19	118.80	132.00	26.25	65.509
112	111.00	100.00	压回地层	9.06	120.00	133.20	26.25	65.509
113	112.00	101.00	压回地层	8.92	121.20	134.40	26.25	65.509
114	113.00	102.00	压回地层	8.79	122.40	135.60	26.25	65.509
115	114.00	103.00	压回地层	8.66	123.60	136.80	26.25	65.509
116	115.00	104.00	压回地层	8.53	124.80	138.00	26.25	65.509
117	116.00	105.00	压回地层	8.40	126.00	139.20	26.25	65.509
118	117.00	106.00	压回地层	8.27	127.20	140.40	26.25	65.509
119	118.00	107.00	压回地层	8.13	128.40	141.60	26.25	65.509
120	119.00	108.00	压回地层	8.00	129.60	142.80	26.25	65.509
121	120.00	109.00	压回地层	7.87	130.80	144.00	26.25	65.509
122	121.00	110.00	压回地层	7.74	132.00	145.20	26.25	65.509
123	122.00	111.00	压回地层	7.61	133.20	146.40	26.25	65.509
124	123.00	112.00	压回地层	7.48	134.40	147.60	26.25	65.509
125	124.00	113.00	压回地层	7.34	135.60	148.80	26.25	65.509
126	125.00	114.00	压回地层	7.21	136.80	150.00	26.25	65.509
127	126.00	115.00	压回地层	7.08	138.00	151.20	26.25	65.509
128	127.00	116.00	压回地层	6.95	139.20	152.40	26.25	65.509

序号	施工时间/min	气体体积变化时间记录/min	施工	井口压力/MPa	注入体积/m³	注入总体积/m³	注入高度/m	井底压力/MPa
129	128.00	117.00	压回地层	6.82	140.40	153.60	26.25	65.509
130	129.00	118.00	压回地层	6.69	141.60	154.80	26.25	65.509
131	130.00	119.00	压回地层	6.56	142.80	156.00	26.25	65.509
132	131.00	120.00	压回地层	6.42	144.00	157.20	26.25	65.509
133	132.00	121.00	压回地层	6.29	145.20	158.40	26.25	65.509
134	133.00	122.00	压回地层	6.16	146.40	159.60	26.25	65.509
135	134.00	123.00	压回地层	6.03	147.60	160.80	26.25	65.509
136	135.00	124.00	压回地层	5.9	148.80	162.00	26.25	65.509
137	136.00	125.00	压回地层	5.77	150.00	163.20	26.25	65.509
138	137.00	126.00	注入结束	5.77	0.00	164.47	0.00	65.509
139	137.00	0.00	停泵	0.01	0.00	164.47	0.00	65.509
140	142.00	5.00	停泵	0.01	0.00	164.47	0.00	65.509

附表 4.2　清溪 1 井动力法压井施工参数输出结果

次数	施工时间/min	注入压力/MPa	注入体积/m³	排气套压/MPa	套管鞋压力/MPa
1	0.000	34.19448853	0.00	24.62779236	103.6419830
2	5.000	32.54190063	0.92	23.33535385	103.1735764
3	10.000	30.88931465	1.83	22.88813591	102.7263641
4	15.000	29.23672867	2.75	22.89662170	102.7348480
5	20.000	27.58414078	3.67	22.9053688	102.7435913
6	25.000	25.93155479	4.58	22.91439056	102.7526169
7	30.000	24.27896690	5.50	22.92369652	102.7619247
8	35.000	22.62638092	6.42	22.93330383	102.7715302
9	40.000	20.97379494	7.33	22.94322205	102.7814560
10	45.000	19.32120705	8.25	22.95346451	102.7916946
11	50.000	17.66862106	9.17	22.96405029	102.8022842
12	55.000	16.01603508	10.08	22.97499466	102.8132172
13	60.000	14.41593647	11.00	22.79770088	102.7655640
14	65.000	14.41593647	11.92	22.31105232	102.7655640
15	69.983	14.41593647	12.83	21.88245773	102.7655640
16	74.983	14.41593647	13.75	21.52891541	102.7655640
17	79.983	14.41593647	14.66	21.17619324	102.7655640
18	84.983	14.41593647	15.58	20.82434654	102.7655640
19	89.983	14.41593647	16.50	20.47343445	102.7655640
20	94.983	14.41593647	17.41	20.12352180	102.7655640

续表

次数	施工时间/min	注入压力/MPa	注入体积/m³	排气套压/MPa	套管鞋压力/MPa
21	99.983	14.41593647	18.33	19.77468109	102.7655640
22	104.983	14.41593647	19.25	19.42699814	102.7655640
23	109.983	14.41593647	20.16	19.08055305	102.7655640
24	114.983	14.41593647	21.08	18.73544312	102.7655640
25	119.983	14.41593647	22.00	18.39177513	102.7655640
26	124.983	14.41593647	22.91	18.04966736	102.7655640
27	129.983	14.41593647	23.83	17.70925331	102.7655640
28	134.983	14.41593647	24.75	17.37067795	102.7655640
29	139.983	14.41593647	25.66	17.03410149	102.7655640
30	144.983	14.41593647	26.58	16.69970894	102.7655640
31	149.983	14.41593647	27.50	16.36771011	102.7655640
32	154.983	14.41593647	28.41	16.03833580	102.7655640
33	159.983	14.41593647	29.33	15.71185017	102.7655640
34	164.983	14.41593647	30.25	15.38855743	102.7655640
35	169.983	14.41593647	31.16	15.06879997	102.7655640
36	174.983	14.41593647	32.08	14.75297642	102.7655640
37	179.983	14.41593647	33.00	14.44154263	102.7655640
38	184.983	14.41593647	33.91	14.13503361	102.7655640
39	189.983	14.41593647	34.83	13.83406830	102.7655640
40	194.983	14.41593647	35.75	13.53938103	102.7655640
41	199.983	14.41593647	36.66	13.25183678	102.7655640
42	204.983	14.41593647	37.58	12.97246456	102.7655640
43	209.983	14.41593647	38.50	12.70251274	102.7655640
44	214.983	14.41593647	39.41	12.44348335	102.7655640
45	219.983	14.41593647	40.33	12.19722462	102.7655640
46	224.983	14.41593647	41.25	11.96602535	102.7655640
47	229.983	14.41593647	42.16	11.75275326	102.7655640
48	234.983	14.41593647	43.08	11.56105709	102.7655640
49	239.983	14.41593647	44.00	11.39564610	102.7655640
50	244.983	14.41593647	44.91	11.26271152	102.7655640
51	249.983	14.41593647	45.83	11.17055035	102.7655640
52	254.983	14.41593647	46.75	11.13055134	102.7655640
53	259.983	14.41593647	47.66	11.15878391	102.7655640
54	264.983	14.41593647	48.58	11.28318787	102.7655640
55	269.950	14.41593647	49.49	12.84053898	102.7655640
56	274.950	14.41593647	50.41	11.12699699	102.7655640
57	279.950	14.41593647	51.32	9.413454056	102.7655640
58	284.950	14.41593647	52.24	7.699905872	102.7655640
59	289.917	14.41593647	53.15	4.677415371	102.7655640

次数	施工时间/min	注入压力/MPa	注入体积/m³	排气套压/MPa	套管鞋压力/MPa
60	294.917	14.41593647	54.07	4.306346416	102.7655640
61	299.917	14.41593647	54.98	3.935278893	102.7655640
62	304.917	14.41593647	55.90	3.564210892	102.7655640
63	309.917	14.41593647	56.82	3.193143606	102.7655640
64	314.917	14.41593647	57.73	2.822074175	102.7655640
65	319.917	14.41593647	58.65	2.451006889	102.7655640
66	324.917	14.41593647	59.57	2.079938889	102.7655640
67	329.917	14.41593647	60.48	1.708870173	102.7655640
68	334.917	14.41593647	61.40	1.337802529	102.7655640

附表 4.3 河坝 1 井置换法压井施工参数输出结果

次数	施工	注入压力/MPa	注入体积/m³	排气套压/MPa	静液压力/MPa	施工时间/min	注入高度/m	井底压力/MPa
1	注液	68.25↓59.14	24.31	—	0↑9.11	13.50	664.266	77.36
1	关井	—	—	—	9.11	25.00	—	77.36
1	排气	—	—	68.25↓59.14	9.11	55.00	—	68.25
2	注液	59.14↓50.03	24.31	—	9.11↑18.22	68.51	664.266	77.36
2	关井	—	—	—	18.22	78.94	—	77.36
2	排气	—	—	59.14↓50.03	18.22	108.94	—	68.25
3	注液	50.03↓40.92	26.26	—	18.22↑27.33	123.53	664.266	77.36
3	关井	—	—	—	27.33	132.81	—	77.36
3	排气	—	—	50.03↓40.92	27.33	162.81	—	68.25
4	注液	40.92↓31.81	26.26	—	27.33↑36.44	177.39	664.266	77.36
4	关井	—	—	—	36.44	185.43	—	77.36
4	排气	—	—	40.92↓31.81	36.44	215.43	—	68.25
5	注液	31.81↓22.7	26.26	—	36.44↑45.55	230.02	664.266	77.36
5	关井	—	—	—	45.55	236.70	—	77.36
5	排气	—	—	31.81↓22.7	45.55	266.70	—	68.25
6	注液	22.7↓13.59	26.26	—	45.55↑54.66	281.29	664.266	77.36
6	关井	—	—	—	54.66	286.45	—	77.36
6	排气	—	—	22.7↓13.59	54.66	316.45	—	68.25
7	注液	13.59↓4.48	26.26	—	54.66↑63.77	331.04	664.266	77.36
7	关井	—	—	—	63.77	334.46	—	77.36
7	排气	—	—	13.59↓4.48	63.77	364.46	—	68.25
8	注液	4.48↓0	10.97	—	63.77↑68.25	370.56	325.636	77.36
8	关井	—	—	—	68.25	371.85	—	77.36
8	排气	—	—	4.48↓0	68.25	401.85	—	68.25

附录 5　压井事故案例

附录 5.1　克深 133 井平推法压井

1. 基本情况

克深 133 井是布置在库车拗陷克深区带克深 13 号构造东高点西翼的一口直井,设计井深 7660m,上层套管下深 7287.4m。2017 年 8 月 4 日五开钻进至井深 7409.06m,发现溢流,关井后采用平推法压井失败,后采用节流循环压井成功。

2. 溢流经过

2017 年 8 月 4 日 6:56 五开钻进至井深 7409.06m,发现溢流 0.4m³,钻井液密度 1.96g/cm³,立即关井,套压 2.9MPa;立压为 0MPa(钻具内有浮阀),关井 4.5h 后,套压 2.9↑25MPa,立压为 0 MPa。折算地层压力系数为 2.304。

3. 处理经过

考虑到井口防喷器组、节流压井管汇的额定工作压力为 105MPa,同时地层为灰白色石膏,因此优先采用平推法压井,控制最高泵压不超过 40MPa。若无法实施平推法压井,便采用节流循环压井。

平推法压井(不成功):环空泵入密度为 2.31g/cm³ 的重浆 1.5m³,泵压升至 37.5MPa,稳压 5min 无压降。节流泄压,套压 37.5↓0MPa,总计放出 4.7m³,关井 2h,套压恢复至 22MPa。由于不能压回地层,改用节流循环压井。

节流循环压井(成功):用压裂车节流循环压井,开泵,泵压 50MPa,水眼不通。控压起钻至 7242m(套管内),关闭下旋塞,拆浮阀,检查浮阀正常。水眼打平衡压 50MPa,开下旋塞,通过压裂车泄压,水眼通。用密度为 2.31g/cm³ 的钻井液节流循环压井,累计泵入压井液 434m³,停泵,观察立套压为 0MPa。盐水污染钻井液 85m³,密度 1.60～1.88g/cm³。

4. 经验总结

(1)采用平推法压井,因地层渗透率较低,地层无法短时间内吸收较多流体,平推法压井失败。

(2)由于地层承压能力高,采用节流循环压井,不会存在压漏地层风险,节流循环压井成功。

附录 5.2 河坝 1 井置换法压井

1. 基本情况

河坝 1 井位于四川盆地通南巴构造带南阳断鼻东北端河坝场高点,是中石化集团公司于 2001 年部署的一口重点区域探井。该井于 2004 年 11 月 12 日完钻,完钻井深 6130m。

2. 溢流经过

2006 年 8 月对河坝 1 井飞仙关组飞三段(井深 4961.5~4975.5m)进行替喷测试。采用常规压井技术进行压井但未成功,最后采用置换法压井技术成功压井,排除了险情。

3. 处理经过

用 4 台 2000 型压裂泵车进行正循环压井,根据该井前期资料确定压井泥浆密度 2.45g/cm³;采用置换法压井技术,用泥浆压井前,连续向井内正循环注清水,增加井底套压;施工时控制油压小于 25MPa,套压小于 70MPa;准备压井泥浆 300m³,堵漏泥浆 50m³;先用二级管汇节流阀和油嘴配合控制井口压力,必要时采用一级管汇节流阀。

(1)建立油管内液柱,缓慢控高套压。

2006 年 8 月 7 日 13:45~13:50,正注羧甲基纤维素钠隔离液 2m³,排量 0.4m³/min,立压 26MPa,套压 29MPa,天然气瞬时产量 300×10⁴m³/d。

13:51~14:05,排量 1.0m³/min,通过控压,套压由 29.0MPa 升至 52.0MPa,注入泥浆 15m³。

(2)控制套压,建立环空液柱。

7 日 14:05~14:37,排量 1.0m³/min,控制套压 52.0~48.0MPa,累计注入泥浆 48m³,放喷口见雾化泥浆喷出。

(3)节流阀快速被刺,环空液柱建立不理想。

7 日 14:37~15:04,套压由 48MPa 降至 37MPa(节流阀刺坏),累计注入泥浆量 70m³。

15:05~15:16,套压由 37MPa 降至 28MPa(又一支节流阀刺坏)。

15:16~15:28,换用一级管汇节流阀控制套压,套压由 28MPa 升至 45MPa,放喷口见雾化泥浆返出。累计注入泥浆量 85m³,考虑到井筒环空已有一定液柱,且管汇节流阀刺坏严重,决定关井,让井筒内泥浆和天然气发生置换。

(4)置换放气,继续建立环空液柱,降低井口套压。

7 日 15:28~15:47,关井,套压由 45.0MPa 迅速上升至 63.5MPa。

15:47~15:55,采用节流阀泄压,套压由 63.5MPa 降至 56.5MPa,同时小排量从油管内注泥浆 4m³,喷口见泥浆时,停泵关井。

15:55~19:30,每隔 30min 泄套压放气,同时从油管内正注泥浆,放喷口见泥浆返出,停泵关井,分 7 次注入泥浆 18.5m³,套压逐渐降至 32.0MPa,产气 45000m³。从注入量和压力分析，井内有漏失，估算漏失当量密度 2.55g/cm³。

20：00～8 日 2：30，分 7 次注入堵漏泥浆 16.5m³，套压在 10～30MPa 之间波动较大，产气 12000m³。

8 日 2：30～9：30，分 3 次将堵漏泥浆挤入地层，注浆压力逐渐升高。产气 5000m³。

9：30～20：00，每隔 2h 间断泄套压放气，止注泥浆，套压出 16MPa 逐渐降至 4.0MPa，放出气量很少。

20：00～9 日 6：00，控制套压在 5.0MPa 以内，观察，测量出口泥浆密度 2.39g/cm³，从压井开始共向井内注入泥浆 145m³。

(5) 循环泥浆排气阶段。

9 日 6：00～11：00，用节流阀控制套压在 2～3MPa，循环排量 0.35～0.5m³/min，通过泥气分离器，放喷口火焰高度 0.5～1m，逐渐熄灭，压井成功，排除险情。

4. 经验总结

(1) 对于异常高压、高产气井，由于井筒内流体流速快，压井泥浆极易雾化并随天然气排出，采用常规压井方法很难在环空建立起液柱形成有效循环。

(2) 置换法压井技术可成功解决泥浆雾化问题，保障压井成功。

(3) 准确控制气液置换时间、放气时控制套压是置换法压井的关键，虽然由于井口压力、气体产量存在差异，但是，放气必须以放喷口是否有泥浆喷出为基准，如有泥浆喷出，则应立即停止放气，再注入泥浆，放气时要控制套压，控制套压要以注入泥浆液柱为限，控制套压的差值不能大于注泥浆形成的液柱压力，应避免放气过程中再次发生井底溢流，放气、注入泥浆要有耐心，如此循环多次，就能建立有效液柱，降低井口压力，避免溢流，达到压井成功的目的。

附录 5.3 清溪 1 井动力法压井

1. 基本情况

具体情况参见 7.2.12 节内容。

2. 溢流发生经过

本井于 2006 年 12 月 20 日 2：15 钻至井深 4284.00m 遇快钻时，4284.00～4285.00m 钻时由 81min/m 加快至 46min/m，4285.00～4285.38m 井段、进尺 0.38m、钻时 3min，立即停钻循环观察，4min 溢流 1.5m³，泵压由 14.7MPa 上升至 15.5MPa。钻井液密度 1.60g/cm³。2：33 停泵关井 11min，套压由 0MPa 上升至 20.0MPa，之后快速降至 0MPa，发生井漏。再次发生溢流关井，套压最大上升至 4.15MPa，之后不再升高。

3. 处理经过

1) 第一次压井(节流循环排气压井井漏失败)

2006 年 2 月 20 日用密度为 1.80g/cm³ 的钻井液节流循环排气,套压由 20.4MPa 下降到 9.6MPa,泵入总量 64m³,套压下降到 4.3MPa,立压降为 0MPa。随后井口失返,发生井漏关井。

2) 第二次压井(节流循环排气压井失败)

关井后,套压快速上升到最高 40.6MPa。开节流阀排气,放喷口火焰高 10～15m。泵入密度为 1.70g/cm³ 的堵漏浆 20.0m³,井口钻井液返出。用密度为 1.70g/cm³ 的钻井液建立循环,出口密度为 1.54～1.64g/cm³。2006 年 12 月 21 日,节流循环加重中发现液面上涨,关井套压达 41MPa。注密度为 1.77g/cm³ 的堵漏钻井液 25m³,因节流阀刺坏关井,套压上升至 45.9MPa。放喷口火焰高 30～35m。

放喷:因套压已超出井口允许关井安全压力(41.04MPa),打开 1 条放喷管线放喷,套压 37.8MPa;在倒换放喷管线流程时,套压最高上升至 56.4MPa,先后打开 3 条放喷管线同时放喷,套压降至 4～5MPa,放喷口火焰高 35～50m。

3) 第三次压井(节流循环排气压井失败)

2006 年 12 月 24 日注入密度为 2.05g/cm³ 的压井液 249.8m³。压井实施期间,钻井液从放喷管线以雾状返出,套压、立压维持不变。准备反挤压井液时,套压在 4min 内快速上升至 42MPa,被迫打开 4 条放喷管线放喷,放喷口火焰高达 25～45m。

4) 第四次压井(动力法压井井漏失败)

2006 年 12 月 27 日正注清水 332m³,立压 40～48MPa,套压由 3.5MPa 上升至 39.8MPa后逐渐降至 30MPa 以内。正注密度为 2.20g/cm³ 的压井液 260m³,突然发生漏失。在调整排量时,套压迅速上升至 37MPa 并且仍有继续上升的趋势。由于放喷管线刺漏、测试管线甩开,被迫停止压井作业,5 条放喷管线放喷火焰高 20～30m。

5) 第五次压井(动力法压井成功)

2007 年 1 月 3 日正注清水 127m³,逐步关掉 4 条放喷管线,注入密度为 2.20g/cm³ 的压井液 400m³,套压由 34MPa 下降至 15.5MPa,点火口连续返水,火焰熄灭。反挤密度为 2.20g/cm³ 的压井液 113m³,套压上升并维持在 26MPa,此时已将环空侵入的气液成功推入地层。反注水泥浆 86m³,同时正注水泥浆 42m³。之后,正反注 2m³ 清水,关井憋压候凝,压井结束。1 月 4 日,立压至 0MPa,套压至 0MPa,压井、封井成功。

4. 经验总结

(1)钻遇高压地层,初步分析地层压力当量密度为 1.85g/cm³ 左右,泥浆密度不能平衡地层压力当量密度，地层压力不清楚，无法准确确定压井泥浆密度，压井过程中可能压漏地层，进一步扩大溢流事故。

（2）地层压力不清楚，无法准确确定压井泥浆密度，井下喷漏通存，找不到平衡点，压井液密度无法合理确定。压力高、气量大，井眼上大（$\Phi263.5mm$）、下小（$\Phi193.7mm$），泥浆雾化严重，难以有效在环空建立液柱。

（3）节流阀控制能力差，经长时间放喷冲蚀后无法有效节流，套压控制到 12MPa 后不能及时有效增加井口套压。压井中途才发现，防喷管线压力表误差大、主控管线压力表几乎失灵，无法实现压力控制。

（4）复合钻具结构，循环阻力大，施工泵压高，钻杆循环头的压力等级只有 50MPa，满足不了大排量施工情况下最高压力的需要。